BIM 与整合设计
——建筑实践策略

BIM 经典译丛

BIM 与整合设计
——建筑实践策略

[美]兰迪·多伊奇　著

张洪伟　尚晋　郭雪霏　李惠　译

中国建筑工业出版社

著作权合同登记图字：01-2014-0166 号

图书在版编目（CIP）数据

BIM 与整合设计：建筑实践策略／（美）兰迪·多伊奇著；张洪伟等译．—北京：中国建筑工业出版社，2016.12
（BIM 经典译丛）
ISBN 978-7-112-20143-3

Ⅰ.① B… Ⅱ.①兰…②张… Ⅲ.①建筑设计－计算机辅助设计－应用软件 Ⅳ.① TU201.4

中国版本图书馆 CIP 数据核字（2016）第 281443 号

丛书策划

修 龙 毛志兵 张志宏
咸大庆 董苏华 何玮珂

责任编辑：董苏华 李 婧 何玮珂
责任校对：李美娜 张 颖

BIM 经典译丛
BIM 与整合设计——建筑实践策略
[美]兰迪·多伊奇 著
张洪伟 尚晋 郭雪霏 李惠 译
*
中国建筑工业出版社出版、发行（北京海淀三里河路9号）
各地新华书店、建筑书店经销
北京嘉泰利德公司制版
北京中科印刷有限公司印刷
*
开本：787×1092毫米 1/16 印张：14³/₄ 字数：320千字
2017年2月第一版 2017年2月第一次印刷
定价：**60.00**元
ISBN 978-7-112-20143-3
　　（29547）
版权所有 翻印必究
如有印装质量问题，可寄本社退换
（邮政编码 100037）

目录

第一部分　BIM 因人而立

第二部分　领导整合设计

第三部分　领导和学习

美国建筑师学会简评

本书中，兰迪·多伊奇（Randy Deutsch）把建筑信息模型（BIM）描述为一种协同项目信息的方法。和美国建筑师学会一样，多伊奇也认为尽管这些方法和工具在整合项目实践中有重要作用，但对于整合来说至关重要的协作则可以用于任何类型的项目交付。

就像美国建筑师学会和美国总承包商协会在《项目交付入门》中提到的：“目前，在整个行业内对项目交付方式并没有广泛接受的定义，很多团体、组织和个人已经定义了各自的交付方式。在这种情况下，他们经常会使用不同的特征来定义交付方式。结果出现了很多种定义，然而没有哪种是完全正确或完全错误的。”各个组织可以用相同的术语来表达项目交付中不同的组织概念以及取得项目成功的工具。

多伊奇在文中把 BIM 流程描述为一种动态的、不断发展的设计和建造策略。由于它是一种新形式的实践技术，美国建筑师学会认为随着时间推移还会出现其他关于 BIM 的定义。下文中用到的“建筑信息模型”这个术语也可以被不同的组织描述其他的运行安排。本书在定义和讨论以 BIM 实现项目交付的方式，并展现其广阔前景的方向上迈出了重要的一步。

图 A 建筑信息模型（BIM）平台可以设计任何建筑（资料来源：Zach Kron, www.buildz.info）

这不是又一本关于建筑信息模型（BIM）的技术类书籍——从概念设计、加工制造到施工、运维建筑全生命周期中用于产生和管理这些建筑数据的软件工具和工作流程均属于 BIM 的技术范畴。或许你手头会有很多资源可以解答 BIM 软件相关的迫切问题，但这本书不在此类。

这也不是一本会帮你衡量投资回报或提供商业模式和价值主张的商业性 BIM 图书。

虽然上述问题在本书中都有所涉及，但这确实是一本与众不同的 BIM 书籍。

《BIM 与整合设计》能为专业设计人员及其团队在技术应用上面临的困难提供解决方案，并借此为你和你的公司、专业乃至整个行业开辟一条成功之路。

在 BIM 变成一个家喻户晓的专业术语而且普遍应用之前，在专业设计人员开始思考 BIM 对各行各业的影响之前，本书都将是你的启明星。

本书源于一句偶然的话。总务管理局项目交付部主任 Charles Hardy 曾一针见血地指出："BIM 就是 10% 的技术加 90% 的社会学。"然而截至目前，在培训、教育和宣传方面 90% 的注意力集中在 BIM 吸引眼球的创新性技术或商业模式和价值主张上（图 B）。

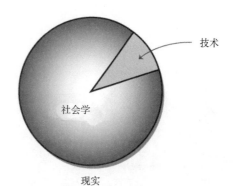

图 B "在 BIM 中，技术部分约占 10%，社会学部分约占 90%。"——Charles Hardy, GSA 项目交付经理

x　试想，如果成功与失败甚至灾难性的 BIM 实施之间的差异更多地取决于使用者的思维方式和态度，而不是技术及其所需的工作流程，那么这些在实践、态度和行为上的必要改变应如何实现呢？（图 C）

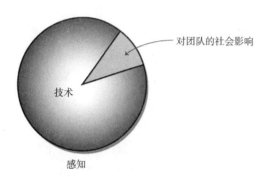

图 C　对 BIM 的误解是，技术约占 90%，社会学约占 10%

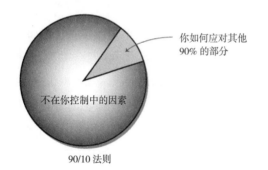

图 D　另外，10% 发生在我们的职业和行业中，而 90% 取决于你本人对它的反应

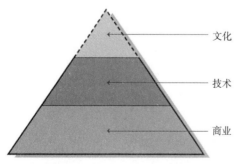

图 E　对 BIM 及其整合设计而言，已经有商业和技术的案例了；对公司文化而言，是时候做出一个社会学方面的案例了，包括工作关系、互相作用和理解力

但还有 90% 的社会学呢？如果是这样的话，那我们为什么要花 90% 的时间参加在线研讨、座谈会和大会的技术交流呢？为什么 90% 的网站、用户群和博客热衷于这一软件的讨论？如果是这种情况，我们也许提出了正确的问题，但是却关注了错误的结果。那是因为它的重点在于实现既美观又经济的建筑过程，并非技术本身。（图 D）

我们对 BIM 的研究和认知都是存在缺陷的。本书将通过向在 BIM 环境中工作的专业人员、软件的使用者、在实施中采用 BIM 流程的组织者、担任相关课程的大学老师以及致力于软件开发和优化流程的工程师进行访谈并搜集这些人的见解来弥补这个缺陷。

在商业、技术、文化这三大因素中，对文化的研究、分析和利用最少。我们对它的了解也最少。人们的生活习惯、社会关系、社会交往和智力因素都被看成是理所当然的，而这些也是从技术和工作流程中获得 BIM 最大收益的最后阶段。BIM 在商业和技术方面的案例已经很多并被广泛接受。现在是探索 BIM 文化案例的时候了，这就是本书的目的。

我关心的是在 BIM 环境下工作的设计、xi 施工人员是什么样的状态，这个问题的答案在哪儿？与我们传统的实践方法有何不同？工作流程如何发生变化——工作流程的确切含义是什么？那些大屏幕和监视器意味着什么？什么才是真正意义上的大空间和智能空间，以及我需要它吗？BIM 管理员、IT 管理员以及 CAD 管理员之间的区别是什么？BIM 操作员和 BIM 协调员的区别是什么？我应该雇谁，指导谁，选择和谁一起在 BIM 工作环境中工作？这个

人一定要有 CAD 经验吗，还是说 CAD 经验是一个潜在的障碍？实施 BIM 需要兼有社会思维和技术能力吗？工作场所要发生怎样的变化？如何共享各参与方之间的数据？

大家都说我们需要协同工作，但没有人告诉我们协同工作是怎样实现的。一夜之间，长久以来的困惑就会全部解开，让我们拉着手唱歌了么？一旦我开始寻找这些问题的答案，其他的问题又出现了。

你手中的这本书是这些问题的结果。就像整合设计本身，可能只列出一个作者。但是，

图 F 推动你和你的团队将来实现目标的一个因素就是"人"，就是那些从应用信工具和协同工作中收益最大并且有着良好态度和心态的人

正如最好的合作，这本书汇集了无数人的智慧。从这个意义上说，这本书不是个人理论的演绎，而是集体智慧的分享。我希望这些收集的反馈和找到的答案能给你带来独到的见解、丰富的内容和无限的价值。

致谢

尽管本书的封面上只有一个名字，但写一本书总是涉及许多人的工作和思考——更不要说是一本倡导协作的书，这本书也不例外。

我要感谢 Wiley 副总裁以及出版商 Amanda Miler，主编 John Czarnecki，助理编辑 Michael New，制作编辑 David Sassian，市场经理 Penny Makras，以及 Sadie Abuhoff。感谢他们给予的指导和帮助。

感谢 Phil Bernstein, Charles Hardy, Jonathan Cohen, Rich Nizsche, Yanni Loukassis, Kristine Fallon, Paul Durand, Alison Scott, Andy Stapleton, Peter Rumpf, Aaron Geven, Jack Hungerford, Bill Worn 和 David Waligora。感谢他们为这本书作出的巨大贡献。感谢他们分享宝贵的时间、资源和来之不易的想法。

感谢 Paul Teicholz, James Vandezande, Zach Kron, Markku Alison, Howard Ashcraft, Gregory Arkin, Paul Aubin, John Boecker, Laura Handler, Brad Hardin, Dan Klancnik, Steve Stafford, Phil Read, Tatjana Dzambazova, Lachmi Khemlani, Christopher Parsons, Deke Smith, Kimon Onuma, Michael Tardiff, Sam Spata, Dean Mueller, Mark Kiker, Barry LaPatner, Jerry Yudelson, Bryan Lawson 教授, Andrew Pressman, James Salmon, Howard Roman 和 James Cramer。感谢他们的前沿思想和在写这本书的过程中贡献的源源不断的灵感。

感谢 Dan Wheeler, FAIA, 无数建筑师的楷模，为整合工作付出了不懈的努力。感谢 Brad Beck 又一次远超过职责范围的工作，这就是他的品格。感谢 Marcus Colonna 无以伦比的热情、坚持和指导。

感谢我的妻子 Sharon 和孩子们——Simeon 及 Michol，感谢他们在我写这本书的时候给予我自由的空间。

我要将这本书献给我的父母，Irene 和 Manny，感谢他们的支持与鼓励。

引言

反思我们的工作流程、角色和身份

图 G　协作：一个人写插件，另一个人编译源代码，第三个人写安装程序，结果就产生了一个带有许多分割面的窗帘。（资料来源：Zach Kron, www.buildz.info）

这本书讨论了大部分公司在实施 BIM 时根本没有考虑的问题——但不充分考虑这些因素就会存在风险。

在你和你的团队今天所处的位置与取得更大的成功、更多的领先机会以及更多的委托项目之间的一大因素是什么？

展望未来

价值主张和投资回报率等商业问题会自然而然得到解决，法律问题、所有权问题、责任问题、养护标准和保险制度也是。

技术将更容易应用，软件将基本实现可交互，文件大小也更容易管理。

事实上这些没有一件事取决于你。然而，在 BIM 和整合设计的工作环境下，你和你的组织成功有一个决定因素。

而这个因素就是人（图 H）。

对人的关注

本书讨论了 BIM 实施的首要问题：不是技术问题，也不是商业价值主张的问题，更不是投资回报率的问题，而是人的问题。

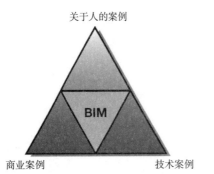

关于人的案例

BIM

商业案例　　　　　技术案例

图 H　缺少关于人的因素的分析，BIM 案例是不完整的

人是推动 BIM 和整合设计的核心。你和你组织中人的问题是尚未解决的一个问号。这个问题是企业文化不能解决的。与他人协作的问题不能再继续以一刀切的方式处理。人为因素，例如个人的主动性、相互尊重和信任、人的本性、所有权和著作权、工作进程的顺畅程度、工作流程、专业技术对设计的影响、工作习惯、个人偏好、指责、人格、传统、合作和交流，这些因素都会影响 BIM 的工作效率和效果。将来，为了在新的 BIM 环境下生存并脱颖而出，统一人们的心态、思维方式和工作习惯会越来越有必要。帮助你和你的公司实现这一目标正是本书的目的和重点。

在大量关于 BIM 及整合设计的著作中，你或许会问，像"人"这样显而易见的因素是如何被忽视的？

正是 BIM 的出现和应用突出了这个被忽视和看似无解的问题，并给这项激动人心的革命性技术和整合设计流程的实施带来了危机。

需要关注的是人，以及在 BIM 应用、实施和技术流程提升的过程中向这一新数字技术和协作流程转型的策略。

在哪里可以找到完整的、有说服力的、高效的、普遍的方式来解决公司文化的这些问题？

以人为本的 BIM

《BIM 与整合设计》可以帮助解决相关问题并改变当前这种局势，使这项新技术的实施回到对人来说易管理、易理解和易实现的轨道上来。

直到现在，已有研究都聚焦在 BIM 的商业案例、投资回报率、软件和技术上，而不是我们有能力改变的那一个因素上。对于一个建立在人的价值——客户服务、信任和关系之上的组织，突然通过一个 54 英寸平板电视屏展示项目、通过卫星召开或参加远程会议的做法挑战和改变了现有的形势和关系。人，已不知多少次被排除在外。这是一个贯穿整本书的重要主题，本书的第一部分也因此命名为：BIM 因人而立。

如果你和你的团队还没有通过使用 BIM 获得全部收益，本书将告诉你：当人的问题解决了，其他的所有问题将自然而然得到解决。

尽管有很多关于 BIM 的文章和书籍，但人这个最大的问题一直存在。几乎没有书专门介绍传统设计中的哪些要素将随 BIM 发生改变，哪些不变；哪些知识、方法、策略一定要抛弃，哪些要保留。在学习的过程中，哪些是要摒弃的。

不像其他的 BIM 指导用书，《BIM 与整合设计》很少关注技术的实施，而更多的是能让 BIM 顺利应用和实施的"社会学"上。这也就是放弃一种做法和坚持一种做法的区别。

大多数的 BIM 相关文献一直把焦点放在

技术上，而不是使用技术的人身上。这是有问题的，因为人的问题、人的思维方式、心态和态度是 BIM 技术广泛应用和实施的主要障碍，也是这一技术带来的整合设计工作流程的主要障碍（图 I）。

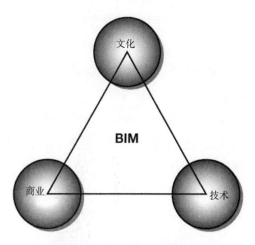

图 I BIM 实施的三个主要驱动力

人的问题、交流和合作问题、企业文化问题、能动性问题和工作流程问题：都随着 BIM 出现在工作、专业以及行业中，甚至恶化。这些人的因素相对于这种方法所需的软件、商业和技术问题是更大的挑战。这本书将详细介绍这些问题。

BIM 对于企业文化的社会意义

多年来，软件分销商和商业培训师，打着技术和商业的旗号，将 BIM 推销为一种提高初级人员的工作效率、提升文件的准确性和减少变更要求的途径。万事大吉。高级管理层总是听从销售人员的推销，并且根据货币价值、学习曲线和这些软件工具的记录评价来考虑 BIM 的实施成本。

这本书同样也着眼于这些效益和结果，但它是基于社会与企业文化的因素考虑实施 BIM 的成本和收益的。

在变化的环境中应对变化

专业设计人员干什么？他们产生什么？既不是设施也不是文件，而是改变。然而，具有讽刺意义的是，当他们真的要面临改变的时候，他们似乎要经历一段艰难的过程来改变自己。

xviii

本书中 BIM 指的是建筑信息模型，作为一种贯穿建筑从概念设计到运维全生命周期的信息创造与管理流程，BIM 不是一个工具、软件或技术。

整合设计指的是一种建筑设计协同工作的方式，包括整合项目交付（IPD）。其特征是，初期就由全部团队成员参与，共担风险，共享回报。它的一个优势就在于，能解决效率低下和浪费的问题，克服过去合作关系中的弊端，从而以高质量的项目成果为业主实现收益的最大化。

这就是技术的改变和公司体系的变革之间的区别，正如一份报告所提到的："急于获得 BIM 功能的公司购买了软件，却没有考虑实现新的工作流程和设计流程所需的流程变革和培训，而正是新的流程优化了 BIM 系统适应当前及未来业务发展需求的方式。"[1]

那个关键因素什么？它是如何发挥作用的？本书就是要解释那个被忽视的因素，以及怎样最好地利用它才能使你和你团队的工作更加顺畅和高效。随着 BIM 的社会影响被越来越多的人认识和利用，投资回报率

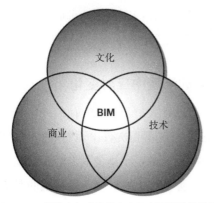

图 J　BIM 的进步与成功发生在三个要素重叠的区域

自然就越高，并且 BIM 工具的高效应用也更加容易。

当前的形势

BIM 的接受和实施不再是主要的挑战，尽管许多公司几年来一直没能解决这个问题。当前的挑战是这一技术的社会影响，以及实施 BIM 带来的企业文化和工作流程的变化。公司想知道怎样充分优化他们的工作流程，使其变得更加高效；如何通过利用 BIM 及整合设计的竞争优势保持竞争力。

当前，多数团队面临经济的不确定性和白热化的项目竞争压力。业主要求项目更少的浪费、更高效的利用人力和资源、更短的设计周期、更有效的项目预算控制、更少的意外发生，更少的批评和诉讼。正是问题将 BIM 及整合设计推到了前沿。

尽管 BIM 与整合设计的动力大部分来自业主和政府，但它只有在专业的设计人员和施工人员有充分的理由接受这种改变时才能得到发展。新技术及其实现的工作流程一起成为推动行业变化的驱动力，促进精益建造和这些目标的实现。

关于本书

《BIM 与整合设计》是一部实践指南。它站在企业文化的角度，把 BIM 看作是一种文化的过程，关注技术的影响和工作中社会、心理以及实践方面的划时代变革。

本书不是关于技术或软件的。《BIM 与整合设计》解决公司实施 BIM 时所面临的问题。通过全面的研究和与业内台前幕后领军人物的一系列访谈，《BIM 与整合设计》以其对实际应用、工作流程和人的关注成为日新月异的工程建设行业中第一本专注于 BIM 对个人和团队的社会影响的著作。

本书以多重视角审视了 BIM 实施的状况，考查了阻碍设计专业人士无法在建筑、设计、施工、运营的周期中处于领先地位的原因，并为他们重新获得领先地位提供了建议和策略。

本书面向的是什么样的读者？那些抱着正确的态度、思维方式、专业技能以及接受 BIM 并采用整合设计贯穿其团队工作流程的人。《BIM 与整合设计》同样适用于那些想利用现有团队的专业技能、经验和前瞻性眼界以及主导性的态度和思维方式实现新技术应用解决方案的人。

《BIM 与整合设计》适合于符合下列情况的读者

- 对 BIM 充满好奇而且想了解 BIM 的真相，想知道 BIM 会产生哪些影响，想看清它的全貌。
- 已经拥有 BIM 软件，但是感觉没有充分利用，或者没有达到预期的满意度。
- 意识到自己处于新旧工作方式的转换期。

- 是新技术的发烧友，但是遇到了一些无法预见的困难和问题，并希望有效地彻底解决。
- 已经掌握 BIM，但是想更多地学习别人是如何利用这些知识在实践中进行整合设计的。

　　本书对软件销售商保持中立的态度。我曾经在 Revit 公司接受过培训并在那里工作过，也在 ArchiCAD 公司工作过，对其他的软件程序同样熟悉。"BIM" 是这些软件的统称。本书不推销任何一款 BIM 软件，但受访者经常提到的设计数据来自 Revit、ArchiCAD 等应用软件。

研究方法

　　由于本书的关注点放在新技术和工作流程的社会影响上，在阐述和引用的数据之外有大量的信息是以实践为依据的。它们来自各种可靠资源，包括对深谙这一技术与行业的个人以及业内领袖和技术专家的访谈——他们的洞察力和丰富的经验带来了可操作性良好的建议。这些访谈在定性和定量研究和依据之间实现了平衡。

　　同样重要的是，本书源于本人 25 年作为首席建筑设计师主持大型复杂项目的设计经验，在项目实践中单独或协同应用 BIM 的先进经验，自己经营设计公司和在大大小小的组织中进行高级管理的经验。本人还在全国最好的一个建筑专业研究生项目中帮助创立了整合建筑科学 / 设计工作室并执教多年，还多年担任美国建筑师学会芝加哥分委会的工作。换句话说，我作为致力于专业和行业发展的一员来写这本书，并希望多年以后看到的不仅是行业的生存，更是繁荣的未来。

如何使用本书

　　《BIM 与整合设计》分为三个部分：BIM 因人而立、领导整合设计、领导和学习。

第 1 章　BIM 为你带来了什么？

　　第 1 章介绍了在 BIM 及整合设计中的人为因素；对掌握流程、管理变化和转型进行讨论；分析 BIM 的"神化"和误解；介绍采用 BIM 带来的诸多附属效益。本章节还回答了如下问题：公司计划在每一个新的项目中应用 BIM，但是实际上仅用了一点点时间。为什么是这样？为什么实施 BIM 需要花费这么长的时间？为什么不是实施的 BIM，而仅仅是采用 BIM 的一个决定和选择？

第 2 章　实施 BIM 的社会意义

　　第 2 章介绍在 BIM 环境下工作的社会意义，包括工作过程和流程；对如何克服成功实施 BIM 的障碍，如何为个人和团队进行 BIM 自评估提出一些建议。本章最后有两个访谈。第一个访谈对象是一家成功的设计公司的管理者。这家公司通过创新大胆的实施 BIM，在近年来经济萧条的情况下，不但原有业绩没有降低反而还有所增长。他们分享了经验和教训以及你和公司实现类似成功所需的条件。第二个访谈对象是 BIM 与整合设计的顾问。他有大量与设计师、设计 / 施工公司和建造师的工作经历，并阐述了同行和客户是如何成功实施 BIM 的。

　　采访 Paul Durand 和 Alison Scott，Winter Street 公司建筑师。

　　采访 Aaron Greven，BIM 顾问。

第3章　什么人用BIM工作,什么人不用?

第 3 章介绍了专业设计人员在团队、组织以及专业和行业中扮演的新角色。同时说明在向 BIM 的过渡中,以前的角色发生了什么改变(例如项目设计人员、项目建筑师、项目管理人员)。本章节的重要部分是与一位业内最见多识广又有战略眼光的首席信息官的对话。他是一位注册建筑师和 LEED 认证专家,在他的顶级公司负责战略规划、监督管理、协调和所有信息系统和服务的交付工作。

采访 Rich Nitzsche,首席信息官,Pekins+Will 公司。

第4章　用BIM与他人协同工作

第 4 章描述了实现 BIM 协同化工作的十个常见障碍;为克服这些障碍并实现协同工作提出了建议;之后是对医疗和组织心理学家、执行教练和有 35 年经验的建筑公司及施工行业组织顾问的深入访谈。

本章最后是与一位先锋的对话。他在设计和建造业将信息技术用于建筑、工程和设备管理,并帮助 AEC 业公司、政府和设施公司进行技术系统评估和实施。

采访 Jack Hungeford 博士。

采访 Kristine K.Fallon,FAIA,Kristine Fallon 事务所。

第5章　BIM 与整合设计

建筑和施工行业的专业人员缓慢的融入整合设计的潮流中,本书目标之一是改变这种形势。

在给业主提出整合设计流程的建议之前,我们需要全面理解整合设计所需的条件。如果说学习的最好方式是尝试和失败,本书希望能使这种失败和它带来的痛苦最小。第五章用两个专访对整合设计作一个简短而精辟的总结:第一个访谈对象是两个专业的施工技术人员,他们正在帮助公司实现虚拟设计和施工和 BIM 在施工领域的技术进步。最后是与一位建筑师的讨论,他是一位发展顾问,同时也是 AIA 加州理事会整合实践指导委员会的前任主席,以及由 AIA、AGC 和 Mc-Graw-Hill 出版的《整合项目交付:六个案例研究》的作者。

采访 Andy Stapletion 和 Peter Rumpf,Mortenson 建设公司。

采访 Jonathan Cohen,FAIA。

第6章　用模型领导团队

任何时候领导团队都是困难的,在动荡时期更加困难。由于颠覆性的技术和新的合作方式——协同工作流程——的出现,学习如何转换思维方式从而引导 BIM 及整合设计变得尤为重要。第六章将帮助读者在 BIM 及整合设计的工作环境中成为更加高效的管理者,无论你属于公司的哪个层次或项目团队的哪个位置。本章最后是雄心勃勃的加拿大人权博物馆的项目建筑师 /BIM 管理员的访谈。他负责二维扩初设计文档向完整三维建筑信息模型的转化,这一模型目前已用于辅助施工。第二个访谈对象是美国总务管理局首都地区公共建筑管理处项目交付办公室的主任。

采访 Brad Beck,BIM 管理员、建筑师。

采访 Charles Hardy,GSA。

第 7 章　学习 BIM 与整合设计

将 BIM 带到工作中还有教育和培训的意义，这对公司和工作都有影响，特别是那些刚走出校门的学生。这会影响人力资源、招聘方式、聘用以及最终公司的组织架构，而不仅仅是组织架构图。建筑师的最终目标是引导这一流程，并为所有人创造终极 BIM 和整合设计经验。这不是学习软件的问题，而是要逐渐熟悉流程并了解这种意识习得的方式。本章节中接受访谈的是两位优秀的教育家、作家和思想家。第一位是麻省理工学院科技与社会学的博士后，其研究方向是人机环境交互。同时他还做过康奈尔大学的访问学者，将建筑、计算机以及人种学融合在他的跨学科研究中。

第二位被访人员是 Autodesk 公司的副董事长，他负责确立公司未来发展方向和制定建筑行业的技术战略。他也是 Pelli Clarke Pelli 建筑事务所的前负责人，耶鲁大学专业实践教育家。他曾在耶鲁大学获得文学学士和建筑学硕士学位。同时也是《建筑未来：重塑建筑工作》的副编辑（2010 年，麻省理工学院出版）；设计发展委员会高级研究员，美国建筑师协会国家合同文件委员会前主席。

采访麻省理工学院 Yanni Loukassis 博士。

采访美国建筑师学会会员、Autodesk 公司副总裁、耶鲁大学的 Phil Bernstein。

你具备条件了么？

或许美国建筑师协会会员 Phil Bernstein 以他广为人知的首个 IPD 项目经历给出了最好的解释：

在我们的项目中，很多时候我会四处说"我打算破釜沉舟"。凭良心说，我不能只是满世界地谈论这个流程的革命和技术，并冒着客户经理的风险启动另外一个项目。所有人都在说，"你确定这能行吗？"，"你有什么办法证明它能行？"而我说，"没有，除非去看我们的 BIM 宣传材料。"既然我们在讨论它，那我们就需要勇气去尝试。这不是一个仅仅学学的事情。我不知道该如何去说服别人。我们已经这么做了，就是破釜沉舟。[2]

无论你是否有这个勇气"破釜沉舟"，阅读本书是一种更安全，也更愉快的学习方式。

注释：

注意：除非另有说明，采访主要是针对本书的编写进行的。

1. "BIM Implementation:Learning from the mistakes of others," *BIM Journal*，2009 年 8 月 1 日，http://bimjournal.com
2. Phil Bernstein，作者访谈，2009 年 10 月 15 日。

第一部分

BIM 因人而立

本书第一部分会为你揭示一些关于 BIM 及其社会效益的错误观念。你会了解到在实现成功的协同工作中遇到的最常见的一些障碍，以及个人或团队在全面成功实施 BIM 时遇到的挑战。你会发现用 BIM 工作如何对个人及团队产生社会影响以及如何克服预期和现实中的应用障碍。

通过阅读这些章节，你会发现应对 BIM 带来的颠覆性变革的有效策略，如何评估团队的成长，如何使团队不仅拥有软件而且掌握流程。你会了解到近来不断涌现的 BIM 相关职业称号，行业从 CAD 向 BIM 转变的现状，BIM、CAD 和 IT 相关岗位之间的实际区别，包括 BIM 管理员、CAD 管理员和 IT 管理员。在这部分内容中，你会看到努力应用 BIM 的公司以其对 BIM 的态度和方法在下行经济中成功实现增长的道路。你还会通过不同的视角看到一些公司是如何成功实施 BIM 的，包括一位用 BIM 与设计师合作经验丰富的 BIM 顾问，一位与难于接受变化的设计和施工人员合作的医疗和组织心理学家，以及一位自 BIM 问世以来就在战略上成功应用的公司董事。

第 1 章

BIM 为你带来了什么？

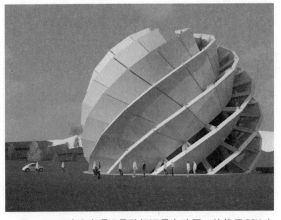

图 1.1 无论这个项目是壁灯还是市政厅，从使用 BIM 中产生的工作流程都是其成功的关键。（资料来源：Zach kron, www.buildz.info）

到底该不该用 BIM？还有选择的余地么？是否应该等到 BIM 变得易学易用，没有那么多的障碍时再选择用它呢？是否应该等到它成为一个更加直观的设计工具后再选择用它呢？

你的公司正考虑使用 BIM 或者已经买了三维设计软件，或许已经把它用到某种程度并取得了较大的进展，为什么还要阅读关于选择 BIM 的内容呢？为什么还要再回顾一下关于 BIM 的诸多益处呢？你可能会说，我们已经选择了 BIM，那就往前走吧。为什么还要为你和公司去了解 BIM 全面成功实施之路上的诸多挑战、障碍和困难呢？任何正在使用 BIM 工作的人一定对这些问题心知肚明。对么？

一切都取决于使用 BIM 的真正含义。大多数情况下，购买 BIM 软件、在项目中应用、前进就是所谓的使用了 BIM。

即使你已经在工作中使用 BIM，也应该先读一下本章节的内容，因为你需要理解使用 BIM 对同事、上级和下级的全部影响和意义，以及 BIM 对你所从事的职业和所在的行业的影响。这种影响不仅体现在商业和技术方面，还体现在软件为行业带来的新工作流程对你和团队的影响上（图 1.2）。

4

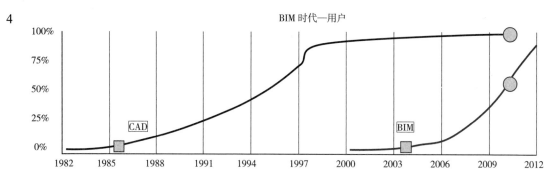

BIM 时代—用户

大部分技术变革（电话、铁路、飞机、计算机）从引入到接受都花了几代人的时间。CAD 用了 12 年取代手绘图，BIM 所用的时间将不到一半。

BIM 软件：Revit，Archi CAD，Digital project（Catia），Bentley，VectorWorks Tekla

图 1.2 CAD 与 BIM 的接受时间对比表，接受 BIM 的速度是 CAD 的两倍

设计行业全面、快速、广泛地采用 BIM 还存在一个很大的障碍，那就是这项技术对个人、团队和行业所产生的社会影响。通过理解如沟通、协作和文化对你公司产生的社会影响，就能顺利进入这一新的技术流程。正如欧特克公司的 Phil Bernstein 提出的问题："BIM 对全球建筑业的生产力和经济效益的提升作用已被广泛认可。而且实施 BIM 的技术已经成熟。尽管 BIM 软件有着明显的优势和可实施性，但是 BIM 的应用还是比预期的要慢，为什么？"[1]

本章中，我们将会带你看看一个设计公司采用 BIM 的艰难之路，看它是如何在下行经济中以其应用 BIM 的态度和方法实现增长的。我们不仅要讨论 BIM 的商业和技术优势，还包括它的社会效益，以及这一过程给个人和团队带来的挑战。本章节最后会给出一些应对这种颠覆性改变的可实施性策略。在 BIM 领域无论你是一个新人还是有一定实际经验的人，你可能还没有得到最好、最充分的应用——高投资回报率，除非你认真考虑本章阐述的概念。

逐步深入

采用 BIM 和实施 BIM 被经常互换使用，但它们其实是两个概念，不能互换。一些未能充分采用 BIM 的公司，大部分情况是由于他们混淆了这两个概念。

5

仅仅宣称采用 BIM 是不够的。它是怎么采用的？通过什么方法？从上到下还是从下到上？是满怀激情还是勉为其难？迅速实施还是逐步实施？通过选择 BIM 试点团队，然后逐步全员覆盖？还是所有项目一齐开始使用 BIM？

购买了软件的公司有的被细节纠缠，有的疑虑重重，还有的在经过最初试点项目和努力之后完全放弃了 BIM。为什么会出现这种情况呢？（图 1.3）

虽然启动 BIM 应用会很快，但大部分情况下并没有覆盖设计到全专业，也没有贯穿各个环节。宏观情况表明，BIM 的应用不像行业宣传的那样，而是分散的、不完整的、拒人千里的粗浅。许多大公司已经在技术和商业方面应用 BIM，但没有 BIM 在社会方面的应用，也没有 BIM 对公司和个人影响的充

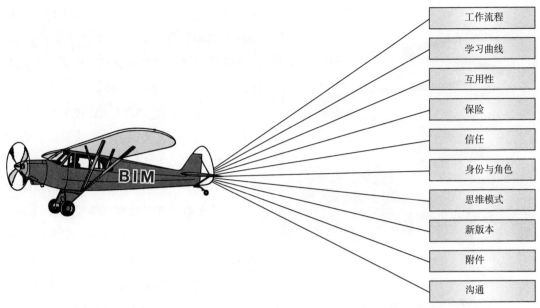

图 1.3　如果没有任何计划，采用 BIM 就像是在一场旅行中不知道有哪些拖累你的行李

分认识。只有少部分人能认识到这个新的"游戏规则"对行业的影响，而大多数在观望。深层次、意义深远而持久的 BIM 应用停滞不前，不是技术和商业的原因，而是人的原因。

掌握过程

在应用 BIM 的过程中你和你的公司现在处于哪个阶段? 你在这个进程中位于什么位置?

- 你或许还没有应用 BIM 的动力，或许已经测试过一些相关的软件，甚至冒着风险开始在一些项目上开展试点应用；
- 你或许想知道如何把 BIM 作为公司未来的持久竞争力；
- 你或许已经安装 BIM 软件并开始运行，但出现一些障碍和未曾预料的问题，并希望得到有效的解决。
- 你或许正在寻找一个关于 BIM 技术以及它对你的项目实践会产生哪些影响的清晰解释；

- 你或许正在寻找一个与商业炒作无关的客观解释；
- 你或许已经购买了 BIM 软件，但还没有真正的使用它，或者对 BIM 的应用距离期望还有一定的差距——没有最充分的利用，也没有发挥全部优势（图 1.4）。

尽管 BIM 的使用在整个设计行业中已经达到 50%，商业领袖兼作家 Rex Miller 对这个 BIM 使用率提出质疑。他说："如果按照购买 BIM 软件的建筑公司来算的话，这个数据是准确的"。随后他指出：

这是海市蜃楼。我的统计方法并不科学，但在过去的两年多我到过近 100 家公司，并一定会询问 BIM 的使用情况。我听到的是这样。大部分的 BIM 应用是可视化，有的是冲突检查。而后者其实就是可视化的延伸。这两项应用

图 1.4　BIM 进程：这条路上，你在哪里？你会走多远？

术的优势最大化。要真正采用 BIM 技术，并进行有效的统计，就一定要考虑其他标准。而 BIM 的定义几乎与从业者一样多。它的应用到底涉及什么内容？（图 1.5）

对一些人来说，应用 BIM 技术就是购买软件。对另一些人来说，它意味着真正掌握 BIM，而不仅仅是空有其名。你的公司应用 BIM 技术到了什么程度？应用的范围和深度如何？虽然面对 BIM 还存在不可思议的顽固派，但今天很难找到一个不在一定程度上使用 BIM 技术的 AEC 领先企业；然而，BIM 应用的广度和深度有很大差别。有一件事情是可以确定的：拥有 BIM 软件与应用 BIM 不是一回事。正如培训师和博主 Gregory Arkin 所写："一个公司有了 Revit 软件，并不意味着他们在积极使用 Revit。"[3]

都只需要"固定的对象"。一个固定的对象可能是一扇门，或者一段管道，或者一个建筑物的局部。其中只有几何信息，而不包括与其他对象有关的属性或运作规则。换句话说，仅仅实现了 BIM 中的"M"建模部分，但没有进行分析的"I"信息内容。一半的建筑设计公司对他们的客户宣称在用 BIM，实际上仅有不到 10% 在充分使用 BIM 分析。[2]

事实已经很清楚。公司会购买 BIM 软件，但是没有实现这个流程。这些公司在寻找的是一种控制感，确保他们能够充分使这项技

企业或许已经拥有了软件，但还没有实现这个过程。

本书的一个论点就在于购买了软件并不意味着应用。因为即使有了正确的 BIM 工具，许多 BIM 的应用还是会失败，原因在于不合适的人、错误的态度（我们已经买了软件——就要用它！）和错误的心态（别人都在用，

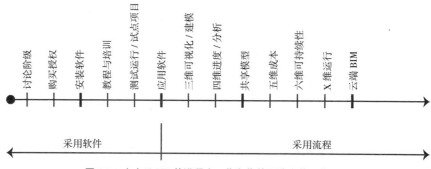

图 1.5　在应用 BIM 的进程中，你和你的团队在什么位置？

我们也要迅速行动起来！）。正如 Arkin 所说："在软件产品上投入大量资金的人，终将要求他们的雇员使用，并由此获取投资回报。"[4]

最初的四条法则

法则 1：先接受，然后再实施。

法则 2：采用 BIM 为你带来的是变革。

法则 3：改变是不可避免的。转变是选择之一。

法则 4：BIM 既是工具又是过程。

当时	现在
绘图	BIM
2 维草图	
手绘草图	
书写文字	
草图绘制	
坐标定位	
红线标示	
比例	
CAD 技巧	
快捷方式	
线性思考	

图 1.6　今天我们建模并且不用再画图，BIM 把所有事情都改变了

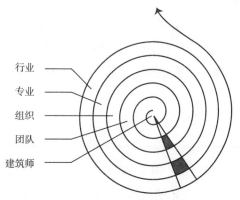

图 1.7　从个人到行业，BIM 影响和改变了所有层级

传统与新技术

传统的技术在这一过程中会起什么作用？是不是我们采用新技术就要放弃多年来在工作中积累到今天的东西？除了以设计、商业实践和交付而成名，你的公司有吸收和传承新技术的传统。你可能没有谈起甚至意识到这一点，但多年来你对新技术的反应也是公司传统的一部分（图 1.6）。

你不必与过去一刀两断。传统软件和项目可以作为参考，而且多数情况下能够用于 BIM 项目。重要的是把你的工作看成一个连续的进程。你不必完全抛弃它们。你的价值观、道德准则，和关注点将一直延续。你意识到为了继续发展就需要保持行业相关性。正是由于这个原因，你才决定对这项新技术进行调研、应用和适应。传统不等于一成不变，它是一个过程。不论多么缓慢，它都在改变。你可以有自己的节奏，但一定要改变（图 1.7）。

建筑师不想放弃传统的工作方法。一定程度上是因为他们视图纸为署名的成果，并坚信自己是艺术家、创造者，而错误地担心会沦为信息录入人员和新技术的奴隶。

传统是一种强大的力量，几乎和颠覆它的新技术和流程一样强大。美国中西部的一个大型国际知名建筑事务所拒绝采用 BIM，因为他们觉得 BIM 太繁杂了。他们要等到 BIM 软件和流程变得更加简单易用时再踏上这条新路。而这是传统观念。

管理变革与转型

假如一个见多识广、值得信赖的权威人士说，你必须在思维、感受和行动上做出艰难而持久的变革会怎样？如果不这样做，你

8

的时代将很快终结。在变革决定命运的时代，你会变革么？

——Alan Deutschman，《变革或灭亡》

所以，你想变革么？什么行得通？什么行不通？

Alan Deutschman 告诉我们，给人们一个更好的希望，他们的行为就会朝向这个新的愿景。他鼓励人们去实现这个愿景，即使他们还没有完全相信。本书的一个目标就是帮你创造一个更好的故事。

传统正在转型。那些抱残守缺的建筑师已被否定，他们所熟知的时代将很快结束。他们说，我们已经听过这一套，CAD、设计－建造，甚至绿色设计都没有改变我们。但这次真的不同了。

BIM 和 IPAD 有 80% 的可能性如期完工且不超预算，明显高于设计－招标－建造工程项目的统计结果。

——Jacqueline Pezzillo，LEED AP，Davis Brody 招标代理公司 Bond Aedas 沟通经理，《AIA 引领 BIM 与 IPD 的未来》，e-Oculus，2009 年 4 月 28 日

---

9 BIM 与人相关

倘若 BIM 的设计首先考虑的是人，那这些就都不是问题。建筑信息模型通常被解释为一项技术支撑的商业流程，或是带来商业价值的技术现象。

到目前为止，我们已熟知 BIM 应用带来的诸多技术和商业价值，具体的实践意义以及使 BIM 与整合设计引人瞩目的计算机程序创新。这些机遇和思维的改变推广了工具的价值，但缺乏关注工作流程和交流的认识，而这是成功的团队和项目所必需的。本书的一个目的就是改变这种现象，缩小这种差距。

我们不太了解，但有必要认识的是 BIM 及整合设计给人的行为带来的益处，即影响你和公司成败的社会学因素。通过这些实践，BIM 及整合设计给公司带来的社会学和文化益处是什么？

是人的因素决定了 BIM 的顺利应用和实施，将半途而废的失败与持之以恒的成功区别开来。你和公司寻找的是一种全面的 BIM 解决方案，既发挥技能和认识的优势，又考虑公司员工对 BIM 的主流态度和心态（图 1.8）。

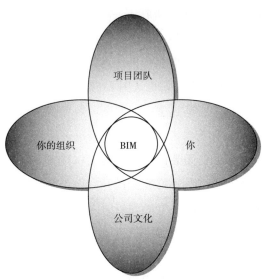

图 1.8　个人、小组、团队不断地以 BIM 经验为中心

缺失的人为因素

大量与 BIM 相关的介绍、文章和书籍都把目光集中在技术上，却没有关注过使用 BIM 技术的人。这本身就是个问题，因

为人的思维过程和问题，如人的问题、沟通协作的问题、公司文化的问题等，都是影响这一技术广泛应用和实施的障碍。人的因素是一个比实施 BIM 的软件问题、商业问题和技术问题更大的挑战。人的因素是什么呢？

BIM 及整合设计的人为因素

沟通

协作

信任

尊重

公司文化

工作流程和过程

身份

职责

跨代合作

心态

态度

控制力

管理变革

过渡期

BIM 的规矩

领导力

培训

学习和教育

实施 BIM 的首要问题不是技术或商业价值主张，而是行为、个性、情感和思维特征等问题：BIM 与整合设计对设计和施工行业的社会文化影响。这就意味着要面对的情况是许多设计专业人士和公司在考虑 BIM 这项正在融入工作的新技术带来的社会影响、效益和挑战时根本没有考虑的东西——人，也就是你——理解这一概念将有助于你使 BIM 的实施回到对人而言可管理、易理解和可实施的轨道上。

先接受，然后再实施

BIM 的接受和实施这两个概念经常被互用，但两者是不能互换的。那些 BIM 应用失败的公司一定程度上就是因为把两者混为一谈，甚至根本没有想过这些概念。BIM 成功实施的关键就在于把两者分开考虑。任何一个都不能忽略。

接受 BIM 首先要了解自己，就像你现在阅读本书的过程，同时为他人提供知识。搜集信息并寻找资源；下定决心并持之以恒；改变自己对这项新技术的长远心态和态度（图 1.9）。

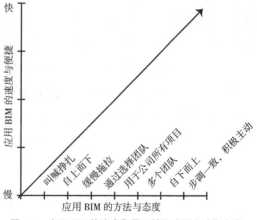

图 1.9　应用 BIM 的速度和易用性取决于方法和态度

BIM 技术的实施是至关重要的——下一章将专门说这个问题——但接受 BIM 是自身的第一步。除非直接经历这一步并获得经验，否则 BIM 成功实施的可能性就会降低。为什么呢？

11

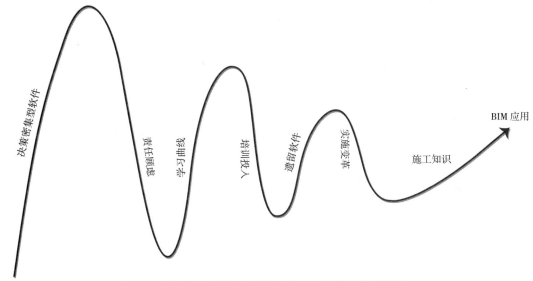

图 1.10 平稳、公司范围内广泛的应用 BIM 是当前最常见的挑战

一个人学习在为客户服务并营利的同时学习一项新技术所面临的挑战是令人生畏的。我们会在本章后文中介绍若干最为艰巨的挑战。首先，必须要承认用 BIM 工作是有难度的。要充分利用这种工作流程和技术就必须学习、理解和掌握许多新的技能和习惯。另一个重要的原因是，你不可避免地要遇到困难、技术上的难题，有时候让你想放弃。一些公司一开始尝试应用 BIM 时，高层管理者会由于很低的投资回报率感到失望或不满。或者在最终完成第一个项目后，没有一个明确的方式判断它是否优于应用 BIM 之前的流程（图 1.10）。

BIM 应用的背景

BIM 应用在这里指的是个人或团队选择技术的阶段。为什么要应用一项新技术？虽然我们很快会介绍到 BIM 的益处及连带益处，但此处只需说明建筑或其他领域在过去对新技术的应用已经"证明了它有能力处理某种

问题，并让工作更容易、更高效"。[5] 解决问题、易用性和高效性：要是就这么简单该多好。为什么 BIM 的应用和实施如此困难？

关于 BIM 的误解

即便有关于 BIM 的工作定义，但还是容易将 BIM 的过程与其他混淆。本节中我们会看到一些最常见的 BIM 误解，正是它们影响了你团队的进步、努力和成功。

如果你的公司已经存在问题，采用新技术会加剧或掩盖这些问题。但它不会解决这些问题。当然，建筑不是唯一面临这种情况的专业。例如，医疗卫生业也发现，对于每个问题都丢上一项新技术是不能解决问题的。[6]

关于 BIM 的五个误解

12

1. 在 BIM 应用的过渡期生产率会下降。
2. BIM 应用学起来很难。

3.BIM 中断了既有的工作流程。

4. 业主和承包商从 BIM 中受益最多，而不是设计师。

5.BIM 增加了风险。

BIMManager，《关于 BIM 的 5 个谬论——Autodesk 白皮书》，2009 年 7 月 1 日，http://www.bimmanager.com/2009/07/01/five-fallacies-surrounding-bim-from-autodesk

有人说不能用 BIM 设计（其实是可以的）。有人说用 BIM 不能细化和完成方案设计（也是可以的）。还有人说BIM 将完全取代CAD（这是错误的）。CAD 将会存在很长时间，而应用 BIM 的公司应该至少保留一份拷贝。

认为 BIM 是万能的，也是误解。模型的好坏取决于输入的信息或数据，程序的优劣取决于建模者的能力、设计和建造经验。"很多人关于 BIM 的一个重要误解就是认为它是一个产品。错！它不是一个产品，而是一个过程，一个共享智能数据并降低重复用户录入的过程。"[7]（图 1.11）

这些误解四处蔓延，尤其对那些不是很熟悉这种软件的人。正如这一讨论所说，"BIM 将会破坏我们创作的优美图纸的能力。这种争论或担忧实际是认为从模型中'切图'或用三维信息模型

去表达二维信息会带来不合格的结果。"[8]

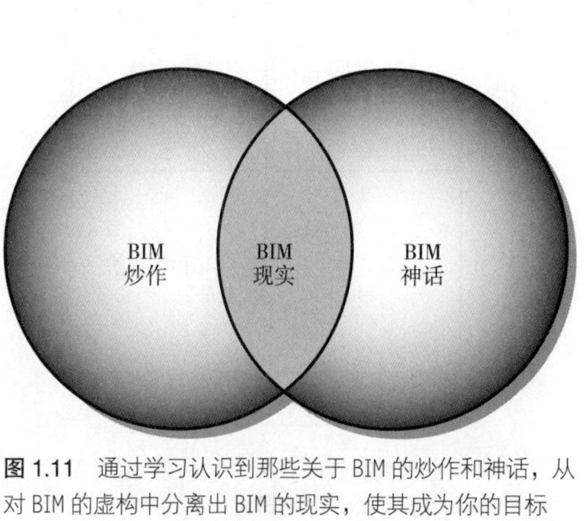

BIM 的神话

- BIM 需要不同的项目交付方法
- 使用 BIM 时不能划分权责，也不能确定模型归谁所有
- 使用 BIM 时任何人都可以改变别人的模型
- BIM 模糊了设计与施工之间的界限
- 建筑师不再对设计"负责"
- 模型中不能体现二维的详图信息
- 模型不能作为合同文件
- 不能相信模型中的尺寸
- 建筑师会受到更多来自总包商和分包商的法律约束，因为现在合同会有直接的约定。

Douglas C.Green，纽约 Revit 用户

BIM 经常被视为治疗施工行业弊病的万能药。尽管 BIM 有能力解决业主关注的诸多问题，但作为一个工具，输入模型的数据决定了它的可靠性。比如，当考虑采用 BIM 模型进行能耗分析时：

图 1.11　通过学习认识到那些关于 BIM 的炒作和神话，从对 BIM 的虚构中分离出 BIM 的现实，使其成为你的目标

普遍的观点认为 BIM 可以让能耗分析又快又准，但事实上恰恰相反，BIM 并没有起多少作用。这是因为建筑的几何信息仅仅是分析所需要输入的数据之一，并且是相对比较简单的一种，因为它是完全客观的。而更多的工作要花在分析的条件和假设上，因为这些是非常主观的。另外，分析工具只需要一定深度的建筑几何信息，而 BIM 提供

13

细节完整的模型，这通常对于分析工具来说是过量的。为了让 BIM 真正有助于分析，BIM 工具需要的是能把分析工具所需的信息提取出来的过滤器。[9]

在展示 BIM 程序的优势特性和能力时，从一开始就对客户的预期进行设置和管理是设计专业人士最重要的任务之一。

另外一个普遍的观点认为建筑师自视甚高，把宏大的理想带入项目，而非建筑设计的真实价值，并让客户为看似雄伟的纪念碑买单。毫无疑问，这些想法是基于一些真实情况的，但一些个例不能代表普遍情况。同时我也目睹了一个新的事实：BIM 应用可以通过将设计过程提炼成若干"按键"解决这些已知的问题，只要按正确的顺序按下就能产生满足客户所有的需求、符合所有州和地方的建筑规范、没有任何错误和纰漏、能完整地描述建设过程的建筑；当按下"风格"的按键，建筑设计的细部就会形成所需的风格。这样就得到了所有的价值，而且没有自大的"成本"（"自大"按键就此关闭）。[10]

到底什么是 BIM，为什么整个行业对它如此困惑？回答这个问题前最好先弄清楚 BIM 不是什么。Nigel Davies 指出："BIM 不是三维的东西。也没有额外的智能为你提供项目的"数据"。BIM 不是 Revit，尽管这两个词已在互用。BIM 不是单一的数据库或"单一的建筑模型。"[11]也许回归定义是最好的方法。

采用 BIM 的社会效益

为什么重申这些显而易见的观点？为什么需要熟悉，或者重新熟悉 BIM 的诸多优势？原因如下：

- 为了保持积极性
- 为了激励和充电
- 作为对业主的营销手段

Autodesk 副总裁 Phil Bernstein 说："建筑信息模型（BIM）对全球建筑行业生产力和经济效益的提升已被广泛认可，对它的认识也愈加深入"。BIM 的益处，无论表现为竞争优势、商业机会还是优点、甚至采用 BIM 的理由，似乎无需重述。

谁受益？

谁受益？谁是 BIM 的受益者？建筑师、总包商、业主、设施运行者、分包商和制造商，都会受益，只是方式各异。通常忽略的一个事实是：当业主获益时，建筑师也会获益——不觉间赢得了一个满意的客户（图 1.12）。

14

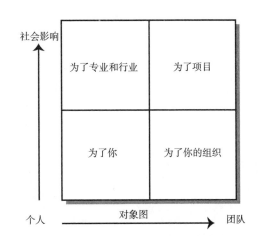

图 1.12 应用 BIM 的原因分析图（资料来源：Martin Fischer, For BIM's Sake）

如果 BIM 的益处不胜枚举且已广为人知("别再说 BIM 益处了——这不是明摆着的么? 咱们继续!"),为什么还要在这反复说呢? 虽然技术和商业益处多多且普遍认可,对于 BIM 同等重要的社会效益就不是这样了。我们重申 BIM 的益处是因为:

- 当遇到挫折时——你一定会遇到的——最好记住为什么用它。
- 当向他人推销你的服务或解释 BIM 时,你需要反复强调 BIM 的益处。
- 它们是本书主要讨论的背景内容。

所谓"社会效益",指的是采用 BIM 的社会、行为、协同、心理和激励效益。这里更关注的是由 BIM 的诸多效益产生的变化,而不是效益本身。我们将探讨两种社会效益:连带效益和定性效益。

使用 BIM 就像双向关联,一处变则处处变。

在 ArchDaily 的一次采访中,Autodesk 公司的 Phil Bernstein 认为"设计的清晰性"是一种效益——并把这种效益解释为"以多种方式与建筑信息互动,从而让不同角度的人都能理解它"。[12] 这就是一种连带效益,即个体的效益对他人产生积极的影响,排除了隔阂,铺就一条通往协同与整合设计的康庄大道。

为什么要连带效益?

通常来说,BIM 的诸多效益是永无止境的。为了整理效益的列表,有些人把 BIM 的效益进行了分类——还有的按群体分:业主的效益、承包商的效益、建筑师、工程师或咨询师的效益。还有人尝试为 BIM 效益建立一个终极明细,[13] 但这些都没有穷尽,分类也混乱不全。

尽管这些列表看似有序,从行业角度看对效益的整理并无帮助。为什么? 因为这种分类方式强调了专业的划分,而应予强调的是团队。所以不应只关注组成的部分,而要考虑整体:对业主有益的也对建筑师和承包商有益等。有些人直接受益——其实是绝大多数——其他人则间接受益。以冲突检查为例:承包商直接受益,建筑师则间接受益;因为她更加了解正在设计的建筑的风险。

另外,举例来说,建模做冲突检查,在正常情况下可以提供准确的建材和数量,如果认为这样做仅仅有承包商受益,那是不坦诚的、也是短视的。这个例子中,建筑师没有得到直接效益,但对一个人有益的事必然对他人有益。　15

所以,谁能从 BIM 中受益? 业主? 建筑师? 承包商? 按行业考虑效益只会增加隔阂——而这与我们采用整合设计的目标背道而驰。

连带效益声明

连带效益声明是这样的:对投资回报率和最终收益有益并鼓励团队合作的 BIM 技术和商业特征也能带来更好的整合设计。这些连接词(对、并、也能)被称为"连带效果"或"连带效益"。

下面这部分内容将讨论一些不很明显的连带效益,它们也可以帮助你的团队更有效、更高效地协作,最终提升所有参与人的整合设计经验。到底这些效益是如何影响员工、设计者和建筑师？这些效益带来什么样的改变？技术或商业效益的负面社会影响如何？

专注于建筑行业先进技术的我，不追求增加图纸一致性这种典型的 BIM 效益。我寻求的是减少错误、提高节能效果、以低成本实现高质量的大规模社会效益。

——Mike Bordenaro，
BIM Education Co-op 联合创始人

BIM 的社会效益

表 1.1 说明了软件特性及其对团队成员的效益之间的典型关系。表格有三列，左侧一列是效益；中间是来自原始效益的额外效益——即间接效益、工作文化效益、社会效益和团队建设效益。右端一列是这些社会效益的各种影响。为了说明举个例子：碰撞检查（效益），关键问题是确定专业冲突，比如风管与水管或风管与结构——这使得专业间的协同更加容易(连带效益)。在模型中解决这些冲突相对容易并且成本较低（社会或社会文化影响，BIM 及整合设计给采用这一方法的个人和团队带来的社会和文化效益）。碰撞检查衍生出来的一个间接效益是：避免了以后在项目中出现问题时相互指责——所有参与人将共同面对这些问题。"冲突检查使协同工作更加容易，在设计过程中就以数字手段发现并解决这些问题，而不是在施工过程中。"[14]

BIM 的定量效益

在诸多 BIM 效益的归纳方法中，按照定量和定性的分类对团队十分有用：

● **定量效益**——按照字面意思就是可利用度量标准、数值比较或者跟踪得到量化结果的效益。

● **定性效益**——这是一个跨专业和学科的问题，需要深入认识公司文化、人的行为以及支配这些行为的原因。

由于本书介绍的就是 BIM 不可预见的影响 18 以及如何应对，自然应该在此处停下，说明这些影响是什么。正如 Thom Mayne 根据实践经验所说：

我们现在建模不是为了描述一个建筑，而是管理不同专业之间的关系，这和之前的原因是截然不同的。我们发现，对工具越熟练就越会用它去处理所有的挑战使我们能有时间去做其他事情。在初步设计阶段我们就可以去处理更加复杂的问题，因为我们有办法处理这些问题了。我们一直在寻找新的机遇来使用这些顺手的工具，但我们同样也在走向未来的问题。在不久的将来，机器人将会组装建筑，这能给你怎样的空间？事实上这一切正在发生的事实，又给你怎样的空间？带来什么样的机会？这才是我们真正在寻找的东西。[15]

随着设计和施工行业从基于 2D 的作业流程发展到信息丰富的三维模型的应用，正如我们看到的，曾经给少数人带来机遇的效益现在由整个项目团队共享。"高效团队正在向 BIM 给整个团队带来的效益以及通过 BIM 解决方案实现的最高效组织架构前进"，Autodesk 的 Ken

采用 BIM 的效益、社会效益和影响　　　　　　　　　　　　　　表 1.1

效益	连带效益	社会文化影响
冲突检查与避免、碰撞检查、矛盾解决	避免返工和分包商反馈；减少复查，降低保修成本	实现进度计划的顺利实施，减少问题，有利于各方关系
团队成员在工作流程中更早启动	营造更加良好的参与和投入氛围	有更多机会做贡献
碰撞检测	使协同更容易	减轻施工时的压力
总工时减少	可以有更多时间做设计	让建筑师发挥他们的核心能力而不是救火
建筑师需要更多的参与	多一个协作者	让建筑师更平和、更周全
提高生产效率；通过降低团队规模减少工时和人力	缩短文件编制周期	延长设计阶段；强调设计
促进协作	给全球化思维的专业人士更好的舞台；减少分包商的现场协调的需求	高质量的完成项目并且大幅增加利润
减少信息请求、工程变更	施工阶段更顺畅	减少冲突和压力
改善成本控制	使预算和建筑结合更紧密	使设计人员有成本意识
新毕业生与有经验的设计师一同工作，培养年轻的团队成员	新入门的建筑师能更早学习建筑建成的过程	避免新建筑师提取红线的枯燥工作，而是融入整个设计流程中
强有力的建模工具改变竞争环境	小公司可以像大公司一样运作	小公司可以与更大的公司竞争
更加整合的建筑	更少的浪费，消除无用功	从一开始就树立目标意识和使命感
更早参与	所有人在一个环境中工作	创造设计、管理和领先的机会
更肯定的决定	全专业围绕统一的操作进程；理解设计决策的影响	团队整体目标一致
设计更加完善的建筑	减少返工和完工后的投入	提升职业和行业的形象
如果证明有价值则可能增加收费	如果能节省材料用量，则能为业主提升价值	用更少的资源实现更多的价值，从而改善对环境的影响
在施工前采用数字技术进行项目的可视化和分析	更统一的整合设计	模型可用于建筑全生命周期
设计可视化；建筑外观准确可视化	更方便地沟通设计意图	提高业主、用户和公众的满意度
模拟建筑的真实性能	加深对建筑特性的理解	减少成本、缩短工期，降低碳排放量
确保文档高度协调	实现高质量的文档，减少错误	减少现场返工，增加客户满意度
使交付流程流水化	更经济地利用资源	减少冗员；更有效、有目的的人员配置
为更精确的生产制造提供基础	减少施工图；场外预制材料；更低的成本、更高的质量	减少后期变更的可能性，从而减少错误；缩短施工期
使设计更紧密地结合结构分析及能耗模拟	提供性能更好、质量更高的建筑	提升用户和公众的生活质量以及体验
使设计输入在流程中提前出现	为影响成本和功能提供机会；为用户提供可衡量的投资回报	改善团队关系；设计意图表达更细
能耗分析	根据功能确定建筑要素的位置	根据建筑表皮和用户舒适度做决定
模型检查	确定最佳路线：出口、交通、安全	节省时间并缩小选择范围
信息管理	管理设备运营	提高交付方式的价值预期
改善数据共享机制；增加所有项目团队成员的数据互操作性	减少沟通成本、错误和疏漏	改善沟通；加速客户决定

续表

效益	连带效益	社会文化影响
能够分析建筑的性能	加快关键设计决定	减少不确定性、风险和危害
4D BIM 建模	翻新期间与租户沟通安置问题	实现更好的租户体验和施工过程
4D BIM	节省时间，缩短延时	不总是在最后期限交付；更多时间享受生活
压缩施工工期	提早移交风险	更能吸引业主和总包商
5D BIM	更加准确的概预算；从对建筑影响的角度评估项目	实现能源节约；减少每个利益相关者的风险
5D BIM 追踪安装时间	帮助各专业避免交叉	更合理的流程；减少的现场中断
进行材料数量估算；提前确定项目成本	减少成本增加的顾虑；交付给业主更加节约成本的建筑	设计师辅助预算管理；帮助你实现竞争优势
留给设计阶段更多时间（设计，不仅仅是上传信息）	节约在施工文档上花费的时间，节约业主资金，缩短工期	设计师可以专注于他们的特长；整合工作流程
几个小时之内就能满足能耗规范的要求	为 MEP 咨询师提供能耗数据	缩小选择范围，节约时间，实现各个目标
双向关联	任意一处的更改既是全局的更改；理解行为的结果	节省时间；通过即时协同减少图纸和工地上的错误
DWF 格式生成能力	非技术专业的利益相关者能够通过可视化查看并检查最终产品	以所有参与者和利益相关者的信息支持整合设计流程；实现有效沟通；鼓励协作
BIM 模型保存项目全生命周期需要使用的信息	团队成员可以随时获取这些信息	在项目全生命周期不断提供数据的模型、工具和流程
轻松建立 3D 视图	帮助更生动地沟通设计意图和项目目标	帮助所有人理解设计意图和目标
更早地输入 BIM 模型的预付工作	为新的结算机制创造机会	能更快地应对更改
减少施工浪费	减少过度采购；节约业主资金	减少对环境的负面影响
碰撞检测程序，如 Navisworks 或 Solibri	将多个专业模型导入一个环境	安心：专业间保持协调且负责落实

19 Stowe 说道，"高水平的建设方把 BIM 的优点与精益施工原则相结合，减少浪费和返工，获得更好的工作流程，注重实施和价值。计算出的投资回报率让你相信，基于模型的沟通和对数字化协同的重视可以让项目实现大幅度节约。"[16]（图 1.13）

综合有效的 BIM 应用所面临的挑战和障碍

对于 BIM 新手来说，似乎 BIM 的每个效

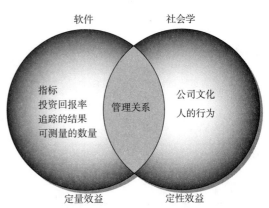

图 1.13 不管 BIM 的价值是定量的还是定性的，我们都需要管理工作关系去实现 BIM 的目标

益都有一个相对应的责任——即一个人的效益就是另一个人的责任（表 1.2）。对于大多数经常使用 BIM 的设计专业人员，挑战是无需提醒的。它们层出不穷。实际上，技术、商业和社会（心态 / 态度 / 公司文化）方面的挑战确实与效益一样多。然而，采用 BIM 最大的挑战并非来自技术和商业，而是社会文化。

BIM 和对它不满的人

当按照精益化的概念采用 BIM 时，它能减少全生命周期的成本。Ghafari 事务所表示，施工中的浪费包括：

- 纠错——设计复查与返工的错误，但在施工阶段才发现；
- 生产过度——在计划前执行任务，与实际的计划任务相冲突；
- 交通——团队往返办公室获取图纸、工具或材料造成的交通时间损失；
- 材料运输——将材料从一地转移到另一地，或从一个团队转移到另一个团队；
- 等待——团队等待设备、图纸、指令、材料等；
- 处理文件——不必要的报告、催促材料订单或过度协调；
- 存储——材料提前存放地距工地太远。[17]

为有效使用 BIM，克服困难和挑战的能力归根结底在于"我"与"我们"的心态差异：在 BIM 里没有"我"。克服重重困难实现 BIM 与整合设计——特别是首次采用这种流程的公司——成功的要素最终是开放的态度和面向团队的心态。BIM 作家 Paul Teicholz 引用 Stewart Carroll 的一篇文章写道：

从个人角度说，我同意实现整合项目交付（IPD）效益的最大约束是项目团队不愿意从串联转变为并行的工作流程。只要每个团队成员为了自己的利益使用 BIM，并且坚持按照传统的合同工作，那就很难获得 BIM 2.0 或 3.0 带来的更大效益（以更低的成本更快交付更好的建筑，并用模型管理设施）。即使所有团队成员使用兼容软件将整合设计的困难降至最低，也是如此。我曾目睹很多真正意义上的整合设计团队使用多种软件完成项目。结果证明，只要有愿望和 / 或要求，技术的难题都是可以克服的。[18]

举例来说，一个简单的窍门就能避免一种问题：随需要添加细节。在 BIM 应用中有一种倾向，就是在短时间内增加太多的信息，结果纠缠于 BIM 模型——陷入细节不能自拔，特别是一些新手建筑师。这种情况下就应学会根据项目进展建模，能恰当地沟通和展示就够，避免信息太多或太少。太多信息会使模型文件增大，降低计算机的性能；而信息太少会使 BIM 失去通过所含信息完成多项任务的能力。熟能生巧，建模者就会掌握信息量多少之间的平衡。

在施工之前建立虚拟模型也有问题。我们希望 BIM 模型能预测未来，尽管我们现在也知道经济模型不能总是准确地预测未来。正如经济学家在最近的经济下滑中迷信计算机模型，虚拟施工模型也可能会成为一种迷信。模型的好坏取决于输入的信息以及建模者的知识、经验以及技巧。

先是心态，然后是协同

有人极端地说，BIM 非常直观、易学易用，并"以建筑师的方式思考"。

采用 BIM 的障碍

互用性不是阻碍采用 BIM 以及在设计和施工中使用数字化工具的唯一因素，也不是最重要的因素。这里我们给出 BIM 应用的三个相互关联的障碍：

1. 对明确的商务交易模型的需求；
2. 对数字化设计数据可计算性的要求；
3. 对用于当今行业的许多工具之间有价值的信息交互策略的需求。

Phillip G. Bernstein with Jon H. Pittman，《建筑产业采用建筑信息模型的障碍》，《Autodesk 白皮书》，2004 年 11 月 1 日

另一个极端是那些认为在 BIM 环境中工作门槛极高的人。

从没有任何一个表现工具对它的使用者有这么高的要求。能胜任 BIM 工作的人必须熟悉这个工具，掌握材料知识和施工方法，并理解专业实践。然而从"合格"到"优秀"，我还要加上一个或许是最重要的才能——批判性思维：在去解决问题之前能同时看到问题的多个方面以及它们之间关系的能力。与上述其他能力不同的是，这个特殊的能力必须在实践之前就培养出来，最好是在建筑学教育中。[19]

在收缩时代要重整姿态并重换工具的公司极大地降低了自信和风险。
——Michael Coston，Linkedin 小组讨论
www.linkedin.com，2009

对于许多使用这种工具有一段时间的人来说，BIM 实际上可能比 CAD 省时省力。但要做到真正的协同，使用 BIM 的团队必须首先克服对信息和团队成员权限管理的约束。

延迟采用 BIM 的原因

从 CAD 过渡到 BIM，互用性、风险和投资回报率这类问题非常重要——而这也是有些人对过渡到 BIM 的担忧——但它们作为不采用 BIM 的原因无法成立。Pete Zyskowski 解释说："因为 Revit 不是 CAD，有些转换的问题要考虑。有些东西，如详图库，可以转入 Revit，但要把它们变成真正的 Revit 细部是需要花一定的时间的，并且最好按项目使用。还有一些更直接的问题，比如可以前置的标准注释、线宽以及一般信息表等问题。"[20] 有许多细节的问题需要解决，这与任何重大变化都是一样的。但事实很清楚：所有这些问题都可以解决或已经解决，并且不应打击你使用 BIM 的积极性。"BIM 正在给我们的工作环境带来新的变化——该用谁、指导谁，以及我们如何在参与方之间共享数据都是新的问题。"[21]

把 BIM 带入你的办公室就会带来多元问题，比如人的身份——职责，建筑师如何看待自己。"人的身份是关于我们每个人本质的概念，而这可能面临一个空前的危机。这个

危机会威胁到我们对自我的长期认识：我们是谁，我们的工作是什么，我们如何去做。"[22]问题包括：

- 人们对新技术的反应；
- 人们应对技术变革的方式；
- 在 BIM 环境中工作需要增加多少沟通。

认识 BIM 应用的挑战

广泛而深度应用 BIM 最常见的挑战如下：

决策密集型软件

建模人员建立模型时必须考虑施工方法——做出对项目每一步都有影响的决定。不再允许粗线条的（即有表现力但不准确的）草图——对细节的要求很高。回答十万个为什么——基于问题的软件需要大量信息——需要数据。只有输入信息的质量高了，模型才好、才有用。对设计师来说，用 BIM 工作不时会有束缚感——录入信息，回答十万个为什么。

应用的速度

与 20 年前的 CAD 相比，应用 BIM 的速度更快。即使在经过对工作系统最初的打击之后，设计专业人士还是没有多少时间来调整实践方法、工作流程、沟通方式以及公司文化，因为 BIM 转型带来的几乎是瞬间的剧变。

BIM 是什么

BIM 的定义几乎和 BIM 的使用者一样多。"过去的许多年里"，美国建筑师协会会员、Webcor Builders 系统整合经理 Jim Bedrick 说，

"'建筑信息模型'或'BIM'一词已经广受欢迎。然而它还没有统一的定义——就像盲人摸象。但这头特别的大象带来了许多议论。"[*]

这个故事里的六个盲人分别把大象描述为一堵墙、一把长矛、一条蛇或一棵树，这取决于他们摸到了大象的哪个部分——就像我们的 3D 模型。对于在 BIM 中挣扎的人，事实很清楚：就像盲人一样，这完全取决于你如何接触它。BIM 对每个使用这一术语的人来说都是不同的。

另一个比喻也能说明这个情况。在 Italo Calvino 的著作《隐形城市》里，马可波罗向忽必烈描述在来访途中遇到的 Armilla 城，"没有什么让它看起来像一个城市，除了有垂直的水管从本应是房子的地方升起，然后在本应是楼板的位置水平散开。"此外还有蛛网之城 Octavia 以及许多奇妙的城市——他实际上是在描述祖国威尼斯的细节（和不同的看法）。可汗因为他听到了许多城市的故事，而实际上只有一座城市。

一座城市。多种描述。多种定义，但 BIM 只有一个。

有些用法存在语法上的问题（你的 BIM？这个 BIM？）。但在这个发展阶段，所有的 BIM 定义都是工作定义。那些最好的定义有一个共同的概念：BIM 既是过程又是工具。把 BIM 视为昂贵制图工具的人不是怀疑它就是没有理解 BIM 的全部优点。

---

* Jim Bedrick,《BIM 和流程改进》, www.AECbytes.com, 2005 年 12 月 13 日

22

在传统软件上投入的时间

对个人和公司来说，从手工绘图的转

变开始，建立和学习办公标准以及掌握这些工具都有大量的投入。必须要面对的事实是：过去那些年使用和推广工具的时间现在看来都是浪费的，比如 ADT（Autodesk Architectural Desktop）。

关于责任

"一些项目成员担心，在一个共享模型上协同工作有可能会使‘工作的责任链没有过去明确'"，美国建筑师学会在华盛顿的资源建筑师 Markku Allison 解释说。例如，一个建筑师可能会担心与总包商共享建筑信息模型会让他／她承担工作方式和方法的责任。他说，"事实上，我们发现在实践中采用协同方式工作时，索赔实际上减少了，因为我们在工地上的冲突或问题减少了。"[23]（图 1.14）

学习曲线

换句话说，要让团队在有限的时间内，以脱产或在职的培训方式掌握可以发挥 BIM

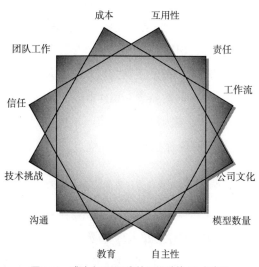

图 1.14 成功应用 BIM 和协同设计的 12 个障碍

效益的工作技能，就必须对最初的生产力损失有现实的认识和认可。

培训的投入

初期投资的回报不会很快也不会很高。即使经过培训，最初阶段的生产率还是会下降——即最初的一到三个月[24]。错误一定会出现。除了乐天派，耐心是需要的。

在现行系统中实现改变

无论有多么先进和创新性的成果，专业设计人员在本质上都是保守的商人。他们的改变会十分缓慢，并且有时会痛苦不堪。

施工的知识

无论你是多么优秀、多么能干甚至是得过大奖的设计师，如果你不了解建筑是如何从小小细节建成庞大的系统，即便你有幸在 BIM 环境下工作，你可能不会喜欢。无论你处于职业生涯的哪个阶段，右脑思维对 BIM 的左脑思维需求毫无裨益。

进展中的工作

软件本身和它实现的操作流程还在不断发展。一些公司还在等着软件界面更加友好、协同工具完全成熟、软件互用性更强、工作流程更简单，以及作为设计工具的功能更简化、更直观、更流畅时，才肯采用和实施 BIM。

应该信任谁

软件培训师说我们需要 BIM 培训；软件分销商说我们需要 BIM 软件。很难知道到底该相信谁。说这些话的人，或者引经据典，或者催促你、恐吓你、刺激你或威胁你的人，都可能在培训或销售外包服务中有利益关系。然而，不管是否有利益，他们有个观点还是值得一听的。等待建立内部 BIM 团队的设计专业人士和 AEC 公司面临着迎头赶上的风险，或者被甩在尾后、形成竞争劣势，还要与行业最优秀的人才竞争。需要多久才能赶上：几周，几个月？与此同时，包括承包商在内的其他人已经建成了他们的 BIM 团队。因此，别被落下。

管理：信息、技术和员工

目前为止，我们回顾的 BIM 应用问题源于我们自身和组织之外。或许最重要的挑战是管理你自己，以及要回应那些想知道为什么这类软件还没有解决所有问题的人，甚至与设计无关的问题——与此同时还要鼓励那些对 BIM 作为设计工具的幻想生厌甚至抵触的人。这是管理层和员工长期的使命。

管理预期

实现 BIM 成功应用的另外一个挑战就是管理预期——既有我们的也有别人的。面对这种挑战，要为 BIM 设定切合实际的预期。Robert Green（CAD 程序员和顾问）写道，建筑信息模型的成功实施需要管理期望和详细的计划。他指出，对管理者来说要在 BIM 计划实施前首先表示支持。他写道："你可以通过说明成本、效益和实施中预见的困难来说服管理层，所以你在谈的时候一定要开诚布公。"[25]

把 Revit 或其他 BIM 平台仅当作 3D 可视化工具或文件生成工具的话，就像把笔记本电脑当锤子用。

——Kell Pollard，"BIM 风尚？"，www.revolutionbim.blogspot.com，January 22，2009

BIM 应用：挑战和结果　　表 1.2

挑战	期望的社会结果
需要增加沟通	团队沟通更多
碰撞检查	所有团队成员协调一致
担心责任增加	协作和共享减少索赔
有限的培训时间	年轻员工充分表现并在培训中名列前茅
需要施工资金	与团队的沟通使大家走出信息孤岛

协同工作及随之而来的文件共享，实际上降低了索赔。

沟通：挑战和机遇

BIM 的工作流程需要团队成员彼此之间的沟通，或许比原来更为频繁，甚至是他们所不情愿的。许多专业设计人员都进行过内向性格评估，并认为这种沟通的需求——口头沟通、当面沟通、视频会议和文件共享等方式是一个重大挑战。应对这一挑战的结果和机遇是，团队将更多地沟通，解答相互之间的问题，消除误差，并在现场出现问题之前就将其解决。最后，团队成员将会更加自然地相互沟通，说出自己的感觉和观点，并一起找出完成手头任务的办法。有些人也许会因此显示出一直被埋没的领导力潜质。

"BIM 没用"，这句话非常可笑但很多时候又是对的。对 BIM 期望太高的人没用，对不知道怎么用的人没用，对不愿意改变思维方式的人没用，对不愿意改变工作方式的人也没用。

—— "高级项目建筑师"，LinkedIn 小组
讨论，"BIM 没用,"
www.linkedin.com，2009

25

阻碍你前进的因素是什么？

1. 这样做可能或真的会吃苦头。
2. 做其他的事情可能或真的会更有意义。
3. 不理解这样做的意义。
4. 在做之前或过程中还有其他问题。

Don Koberg and Jim Bagnall，引自《环球旅行》，1976, 44.

结论

信息量会过多或者建议过多么？会的，所以有必要把明智的建议与那些散布于网站、博客以及线上论坛里贬低、消极的言论区别开。就像一位澳大利亚 BIM 顾问建议的："面对所有这些 BIM 言论，AEC 行业人士自然很知道如何才能实现 BIM 潜在的效益。这些言论使得变革的过程更困难、更漫长也更复杂。其实根本不必如此。"[26]（图 1.15）

采用 BIM 的策略

为你的办公室采用 BIM，并获得掌握这种工作流程所需的思维方式的建议：

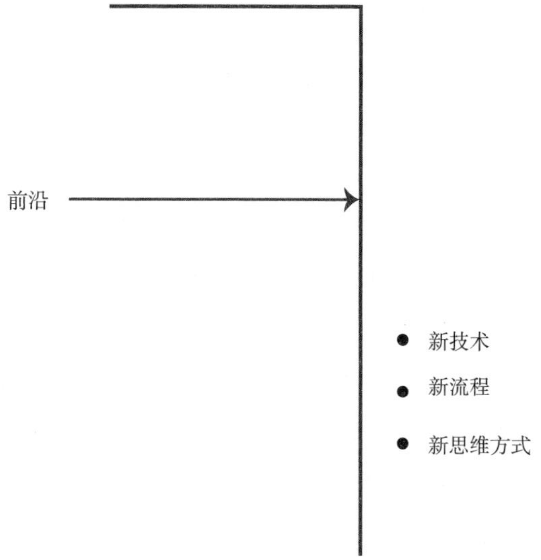

前沿

● 新技术
● 新流程
● 新思维方式

图 1.15　前沿："必须得有一种愿意尝试新事物的意愿。" ——Phil Bernstein, FAIA

策略一：思考一下 BIM 会让你、团队和公司受益的方式，即连带效益。

策略二：向专门从事 BIM 应用和实施的专家、培训师或者 BIM 权威寻求帮助。最近一个 "征求指导公司 BIM 转型的 BIM 大师" 网上广告写到："Wilkinson 建筑事务所招聘一位工作积极性高、精通 Revit 软件、指导事务所 BIM 转型有 7 年以上经验。"[27] 当年采用 CAD 的时候可没有这种境界的要求。

策略三：假如在考虑采用 BIM 的效益之后仍觉得这些挑战难以克服的话，可以把本章中引进 BIM 的步骤分成更小的模块，使其更容易管理。有些公司要求在一定期限内必须从 CAD 转到 BIM 上。但是大多数公司还是循序渐进地、理性地根据项目实现转变。他们的成功之处在于：与向 BIM 整体过渡的压力不同，这些公司将这个复杂的心理和社会过程分解成大家都可处理、可管理和可利用的模块。

策略四：采取 "Kaizen"（日语，改善）法。

26 类似于将海量的信息分解成模块，"Kaizen" 法建议采用小而递增的步骤。[28] 这样在不知不觉中，你就已经使用并掌握了 BIM。

策略五：为解决问题的应用。建筑师是问题的解决者——所以要像建筑师一样实现 BIM 应用和实施。运用设计思维，像处理其他设计任务一样应用 BIM。换言之，应用 BIM 的方法和其他任务是一样的。

策略六：分步骤、分阶段。把应用 BIM 看成一系列连续的步骤。Pete Zyskowski 在《BIM 法则的世界》第一部分中，简明扼要的描述了采用 BIM 的四个步骤：

第一步：明确目标、衡量成功的标准及其他目标。

第二步：对当前的现状进行评估。评估使用者的技能，找出问题，了解现有的工作流程和程序，预估 CAD 标准的变化，评估（并升级）硬件，确认网络需求，不要丢弃其他软件——即便骨灰级的 Revit 的使用者也建议至少保留一份 AutoCAD。

第三步：选择试点项目，进行转换。

第四步：制定计划、交付模型。开展培训、咨询和指导。完成时间表和预算。继续培训。[29]

另一个例子的步骤内容略多——像舞步一样——可以一步一步地执行：

- 达成一致的愿景（明确的愿景才能取得一致，不明确的不能）。
- 为组织建立一个简化的实施路线图。
- 简化 BIM 术语，精简分类。
- 在主要阶段之间确定渐进、可实现的步骤。

- 提供商业提升的标杆。
- 允许组织对自身和他人进行评估。[30]

策略七：以应用作为前进的动力。BIM 应用分两类：自由选择，或者在外部压力下被迫接受 BIM——来自市场、客户，或者突然从某个研讨会回来茅塞顿开的老板——使你不得不应用和实施这种新技术（来自外部的 BIM 应用）。

策略八：找出你自己采用 BIM 的诀窍。Acronym 杂志编辑 Caron Beesley 采访受过建筑师培训的技术实施人 Neil Rosado 时问："你是如何推荐团队应用 BIM 的？" Rosado 这样回答：

首先，我热衷于试点项目的应用。试点项目的选择是成功的关键，并要考虑三点：一、选择团队非常熟悉的一类项目。举个例子，如果你团队的项目大都是办公建筑，那么选择一个消防站项目来实施 BIM 就没有意义。二、团队应当考虑那些有充裕时间的项目，而非迫在眉睫的。三、项目大小最好适中。如果项目太小，就没有足够的人参与；而在一个大部门，消息从项目团队传开，就会让其他人感兴趣。如果项目太大或太复杂，学习曲线就会过陡。试点项目选择的核心思想就是，尽量给你的团队减少需要同时面对的改变。[31]

27

注释：

1. Phillip G. Bernstein with Jon H. Pittman, "Barriers to the Adoption of Building Information Modeling in the Building Industry"（Autodesk, Inc., Autodesk Building Solutions White Paper, 2004）, 1.

2. Rex Miller，"The BIM Mirage or BIMwashing，"思维转变（博客），October 11, 2009, http://the crerevolution. com/2009/10/the–bim–mirage–or–bimwashing/.

3. Jeff Yoders，"Losing Your BIM Virginity and the Giants 300，" Building Design and Construction（blog），July 16, 2009, 引自 www.bdcnetwork.com.

4. 同上．

5. V. H. Carr Jr.，"Technology Adoption and Diffusion，"交互技术学习中心，June 21, 1999. /www.au.af.mil/au/awc/awcgate/ innovation/adoptiondiffusion.htm.

6. Kevin J. Leonard，"Improving Information Technol ogy Adoption and Implementation through the Identification of Appropriate Benefits: Creating IMPROVE–IT，" 2007 年 4 月 5 日 . www.jmir.org.

7. Jay Moore，"Is BIM the Future？"2009, 发表于 www.autodesk.com/forums.

8. Nigel Davies，"Magnum B.I.M.，" 2008 年 1 月 2 日，EYC（博客）. www.eatyourcad.com.

9. Lachmi Khemlani，"AIA TAP 2008 Conference，" 2008 年 6 月 17 日 . www.aecbytes.com/newsletter/ 2008/ issue_35.html.

10. Scott Glazebrook，"Selling Short，"条条大路通 BIM（博客），2009 年 5 月 26 日，www.digitalvis.com

11. Nigel Davies，""（Mis）understanding BIM，" EYC（博客），2007 年 10 月 25 日，www.eatyourcad.com.

12. David Basulto，"AD Interview: Phil Bernstein，"2009 年 8 月 21 日，www.archdaily.com/32946/ad–interviewphil–bernstein/.

13. 例如 www.BIMwiki.com.

14. Geoff Zeiss，"Building Information Modeling（BIM）in the Economic Downturn，"2009 年 4 月 7 日，引自 Andy O'Nan，"The BIM Boom，" Concrete Construction（2009 年 4 月 6 日）.

15. Robert Smith，"Thom Mayne, 2009 and Beyond: Revisiting the 2006 Report on Integrated Practice，'Change or Perish'"（AIA 2005 国家会员授职仪式演讲，拉斯维加斯，内华达州，2009）.

16. Ken Stowe, 2009. www.bimwiki.com.

17. Administrator，" BIM Implementation: Problems, Prospects and Strategies，" 2008 年 8 月 20 日 . www.architecturalevangelist.com.

18. Paul Teicholz，回复" BIM: When Will It Enter 'The Ours' Zone?" 2008 年 7 月 24 日，www.aecbytes.com/viewpoint/2008/issue_ 40.html.

19. Renée Cheng，" Questioning the Role of BIM in Architectural Education，"2006 年 7 月 6 日 . www.aecbytes.com/viewpoint/2006/issue_26.html.

20. Pete Zyskowski，" The World According to BIM: Part 3，" 2009 年 8 月 20 日 . www.cadalyst.com/aec/the–world–according–bim–part–3–12881.

21. Pete Zyskowski，" The World According to BIM: Part 1，"2009 年 2 月 5 日 . www.cadalyst.com/cad/building–design/the–world–according–bim–part–1–3780.

22. Susan Greenfield，" Modern Technology Is Chang ing the Way our Brains Work"改自 Susan Greenfield，"ID: The Quest For Identity In the 21st Century，" 2009. www.dailymail.co.uk/sciencetech/article–565207/Modern–technology–changing–way–brains–worksays–neuroscientist.html#ixzz1IpSA59tq.

23. Jana J. Madsen，" Build Smarter, Faster, and Cheaper with BIM，" Buildings, 2008 年 7 月 1 日 . http:// www.buildings.com.

24. 同上

25. Robert Green，" What's the BIM Deal? Part 3，" 2009 年 9 月 23 日，www.cadalyst.com/collaboration/building–information–modeling/what039s–bimdeal–part–3–12923.

26. "Figure 6.1: BIM's Recurring Themes，" 2008 年 1 月 20 日 . changeagents.blogs.com/thinkspace/ 2008/01/the–bim–episode.html#tp.

27. "Revit Manager/Guru—7Years Experience Clive Wilkinson Architects – West Hollywood, CA，" 2009 年 8 月 3 日 . www.Archinect.com.

28. Robert Maurer, One Small Step Can Change Your Life the Kaizen Way（纽约：Workman 出版公司，2008）.

29. Pete Zyskowski，" The World According to BIM: Part 1."

30. Bilal Succar，" BIM ThinkSpace Episode 8，"2008 年 2 月 18 日 . changeagents.blogs.com/thinkspace/2008/02/the–bim–episode.html#tp.

31. Caron Beesley，" Rosado on Revit，"Issue 6（2007 年秋），2.

28

第2章

实施 BIM 的社会影响

图 2.1 基于 Revit 和 Excel 的建模。利用模型在各分析平台之间的反复推敲实现更性能化的形体（资料来源：Zach Kron, www.buildz.info）

在接受和应用 BIM 之后，接下来就是行动了。

实施就意味着制定工作计划，按照决定在 BIM 的环境下去实施。还是犹豫不决、不能肯定、不确信？那就返回第 1 章吧。实施是这个阶段的重点，因为 BIM 如果不能实施的话，它仅仅是一个软件。BIM 在实施之前对公司是没有任何价值的。

BIM 是为组织带来价值的过程。你必须有能力将这种价值传达给有权力实施 BIM 的人。

在我的公司，很长时间都没有对 BIM 采取行动。两年中我们拿着 19 个 Revit 授权，将它们束之高阁——成了"摆件"。等着合适的机遇，看着它们过时。没有物尽其用，占用了宝贵的仓库，也没有带来任何效益。每过一个月，软件就给我们一份压力：等待合适的时机、合适的项目、合适的客户、合适的阶段、合适的人去实施项目，合适的人去培训。

工作流程的战略实施

长期以来，人们对于价值在于想法本身还是想法的实施争论不休。按照这个思路，没有实施的 BIM 只是一个想法。实施是前进的道路。实施就是要执行。没有实施的 BIM 没有价值。或者说 BIM 有价值，但这个价值只有通过想法的实施才能实现。

然而，没有 BIM 就没有可实施的东西，也就没有实施的需求。BIM 和实施是相辅相成、相互交织的——它们彼此依赖，息息相关。正如美元的价值，只有以某种方式使用和消费时才能实现它的价值。当它放在钱包里的时候，它的价值只是潜在价值。BIM 也有带来价值的潜力，而实施是其价值的实现。

除非将 BIM 用于实践，否则它的潜力和价值是不会实现的。员工的潜力和价值同样无法实现——我个人坚信 BIM 可以创造更好的建筑师。我在自己的公司也就见证了这一点，你在书中也会看到很多别人的例子。BIM 可以让挣扎于 CAD 中的管理者成为更好的沟通者、合作者和更受尊重、更有价值的员工。在 BIM 环境中工作会创造更多原本不存在的管理机会——这种机会原来只有在你的员工离职后，或经过大量努力最终升职后才有。这种价值体现在对 BIM 和集成设计的选择和实施的能力上。这就是我想在本章和本书中说明的内容（图 2.2）。

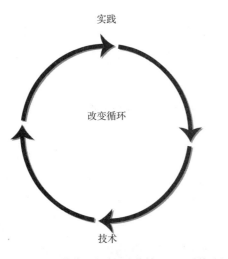

图 2.2 专业人士往往更多地寻求线性因果关系的过程。理想情况下，技术会给实践带来改变，同时实践也会给技术带来改变

人的因素

BIM 的实施是由人来执行的，而人是会犯错误的。他们的思维可能有缺陷，沟通与协作能力和意愿可能不完善，训练可能不足等。

只要恰当地执行，就能让我们实现 BIM 的价值。执行得不好，BIM 就无法实现这种技术和流程的价值。和想法一样，真正价值的实现在于选择 BIM 并找到有效、可操作的实施方法。

BIM 本身的潜力有限，并会受到使用者的限制。当在一个公司或网络中实施 BIM 时，会给 BIM 带来群体或社会价值。由于有附加的社会价值，整合设计就自然而然成了下一步。惟有行动才能赋予 BIM 生命。

当你的公司第一次考虑实施 BIM 的时候，对它的价值有一个预期。然而，当 BIM 实施时给更大的团队带来了价值。技术和流程，对个人哪个更重要？对团体哪个更重要？

再好的实施也挽救不了一个烂想法，再糟糕的实施也扼杀不了好想法。所以，相比你在公司实施 BIM 的方式，实施的决策更为关键。试想一个团队或个人没有实施的目标，如何获得想要的成果（图 2.3）。

灵活实施：公司的实施为何失败

虽然找到一个好的大想法比付诸实施更难，但是实施也有挑战性的时刻。

BIM 的实施分为两个步骤进行，首先是右脑思维（做好充分的准备，研究、收集信息、头脑风暴），然后是左脑思维（决策、选择、编辑、再设计）。实施是第二步的一部分。它建立并检验这种价值的实现机制（这个想

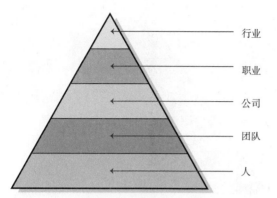

图2.3 人是确定所有事情的基础,一切都是从人开始的

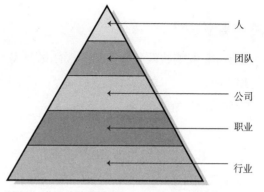

图2.4 你工作的基础建立在前人和他人贡献的基础上

法会成功并且现在为我们创造价值么?)。

隔在个人或团队的 BIM 应用和实施之间是信念。选择已经作出,决策是肯定的——前进。现在需要的是持之以恒,战胜不可避免的挫折和磨难。BIM 如同婚姻,要从长远考虑,为了更大的幸福而不断做出牺牲。

放下你的铅笔

实施是行动的号角。对于那些爱过虑、爱焦虑的人,喜欢盘算并考虑所有可能之后再打定主意的人,会觉得实施十分草率,缺少智力上的乐趣和挑战。安于无为的建筑师,惯于在质疑和分析各种决策之后再行动,会艰难地将想法付诸实施;或等待时机成熟,或让别人决定。

实施意味着用行动向前进,占得先机:实施你的计划,按照决定应用软件并实现内在的工作流程。

如果 BIM 应用是"做不做"的问题,那么 BIM 实施就是"做,怎么做"的问题。

真相的时刻已然到来。实施意味着决策已经作出。决策可以是自上而下的,也可以是自下而上的。自上而下的实施来自高级管理层,自下而上的方式来自公司中使用 BIM 并希望看到改变的人(图 2.4)。

人与模型交互的方式

- 插入
- 提取
- 更新
- 修改 *

第五种交互是"观察"。正如量子物理学和观察者效应,一个人只是观察就会改变或修改模型,看到他人可能错过的东西。

---

* Dana K.(Deke)Smith,"FAIA Building Information Modeling(BIM)," www.wbdg.org 最后更新 2008 年 7 月 24 日

怎样克服成功实施 BIM 的障碍

在很多人看来,BIM 的实施就是安装软件,然后用默认的素材、标准和模板启动试点项目。但我们将在本章中看到,这种实施的方法缺少很多东西——而且丧失了有效性——包括策划、培训、定制、调整工作流程,并使这种流程满足公司特定需要和文化的机会。

BIM 本质上是一种战略,而实施的是变革。

关于实施 BIM

这一章我们将看到企业和个人是如何实施 BIM 的。

本章将回答的问题有：

- 公司打算将 BIM 用在每个新项目上，但事实上只花一小部分时间。为什么会这样？
- 为什么 BIM 在实施中要花费如此长的时间？

实施的行动

实施就是走向行动[1]——将你应用 BIM 决定付诸行动。回顾你初次 BIM 工作的经历，问问自己：当初在等什么？

那是最完美的项目、最佳的时机、最好的客户么？

事实上，你实施的并不是 BIM。你实施的是应用 BIM 的选择和决定。

这一点一定要清楚：你实施的并不只是软件。实施是关于技术和流程的。这就是你行动的内容——你决定要做的事：技术，因为它能让你、你的公司和你的项目团队收获上一章介绍的效益；还有流程，因为你现有的工作流程将随着 BIM 技术的实施不断发展（图 2.5）。

33　没有别人能告诉你或你的团队要做什么，什么是最好的。这个问题必须自己回答。然而一旦决定了行动的方向——做还是不做——就要开始行动，是去做而不是策划、东拉西扯或没完没了的讨论。有些人会害怕这种局面，尤其是那些喜欢理论和评论而不是行动的人。在这里，你将检验一种全新的工作方式——以及你一直努力的目标。

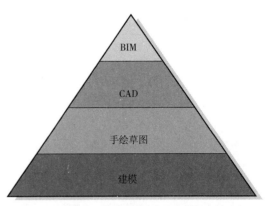

图 2.5　BIM 建立在早先技术和方法的坚实基础上

现在是让 BIM 为你、你的团队和公司服务的时候了。通过最佳实践和学习的课程，实施的结果将指引你前进的方向。实施 BIM 不仅会检验你的技能和策略，还会考验你的决心和耐心。"不过，正如各位发言人所说，这条路并不容易，会有一个学习的曲线。他们同时建议听众不要拘泥于技术，避免浪费长时间的评估去评定'最佳 BIM 工具'——相反，他们应该行动和前进。"[2]

另外不要忽视一个事实：实施的行动需要付出资源。就像设计和施工一样，需要为实施中的意外做好准备，包括始料未及的障碍、员工意外及其他后续的、未曾考虑的问题，比如 64 位的操作系统以及额外电源和存储空间。

BIM 实施的社会意义

任何人都可以加载一个软件许可，并运行程序开始工作。但实施 BIM 是不同的。

实施的本质是一种社会行为。并不只是解开软件许可，在一个工作站上运行程序。

BIM 的实施意味着与支持项目目标的其他人开展协作。

实施与分享和协作是同义词。BIM 是在协作环境中实施的。换言之，应用 BIM 不会自动实现整合设计——但配置好与他人协作的功能是成功应用 BIM 的前提。协作不仅是一种天资和技能，更是一种思维方式和态度。整合设计已成为与 BIM 同样众人皆知和普遍认可的概念。

作为社会行为的实施

随着设计流程的变化，设计人员发现需要重新审视当前的设计流程和习惯。由此带来的一种影响是"更重视对个人的效益而不是对商业和项目的更大效益"。[3]

34　　用 BIM 工作给设计人员带来了工作流程上的一系列变化，包括在概念和方案设计阶段更早、更长时间的介入，要求重视团队成员在最初设计阶段的工作。尽管建筑师由于文档阶段时间的节省有更多精力用于设计阶段，但这对于客户和开发商来说很难接受，因为他们认为设计团队现在花在设计阶段上的时间就已经够多了。有些业主已经在怀疑建筑师为什么花大量时间在设计阶段，他们很可能不会理解或乐意花更多的时间。"工作环境的变化对员工个人也有明显的影响。新技术带来了变化。人们必须停止使用舒适的旧方法，开始用完全陌生的新工具工作。"[4]

BIM 要求所有决策提前做出。在理想的情况下，为了让 BIM 实现多层次、多方面的最大工作效益，全部设计和施工团队在项目伊始就进行沟通。这对于一些项目和客户是

很困难的——特别是要等到最后时刻才做决定的开发商。对于设计阶段，以前的扩初阶段成了新的方案阶段，施工图阶段则成了新的扩初设计阶段。因此，施工图阶段就会十分轻松，尤其在所有重大决策已经提前做好的情况下（图 2.6）。

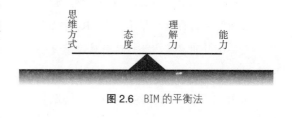

图 2.6　BIM 的平衡法

实施不是安装。

文件数量减少对设计团队的影响

很多公司都承认，最容易出现错误和遗漏的是文件协调过程。文件中一个部分的修订往往在其他文件中被忽视或未能修改，这就不得不完全依靠总体说明，并要求总包商在发现文件中的信息冲突时去找比例最大的详图或联系设计师进行核实。由于 BIM 能双向关联性设计，专业人员能够自动（而非人工）协调和更新立面图、剖面图、平面图和进度表。

BIM 会影响建筑师的幸福感，因为大量烦琐的协调工作将由程序完成。虽然这并不能解决所有的检查工作，但是人为错误的可能性会减小，使设计人员将更多的精力放在他们擅长的方面。

前期增多、后期减少的人员安排可能与你之前预想的正相反。由大量技术人员和少量设计人员组成的团队会更加均衡，让技术和设计在项目之初就一同工作。之前专攻施

工图或详图的建筑师将在初期阶段就与设计师和 BIM 操作员组成团队，并要重新准备工具来实现有效的合作。

35 传统建筑项目团队的人员构成是由制作施工文件包的大量工作决定的，其职责根据图纸类型划分：平面图、立面图、剖面图、大样图等。Revit 使文件工作明显减少，让这种传统项目结构成为历史。Revit 建筑信息建模团队则应围绕功能组建，即项目管理、内容生成、建筑设计和文件管理。[5]

项目团队的组成和规模也会受到新技术和工作流程的影响。

公司还可以减少项目团队的开支，因为传统的存档和 CAD 工具的管理费用减少了。在某些情况下，只需传统工作方式一半的人员就能完成 BIM 项目。对于小团队，三五人的规模是最常见的，这样在实施阶段就会非常灵活，并让公司其他人知道 BIM 并不需要非常规手段的资源才能成功。[6]（图 2.7）

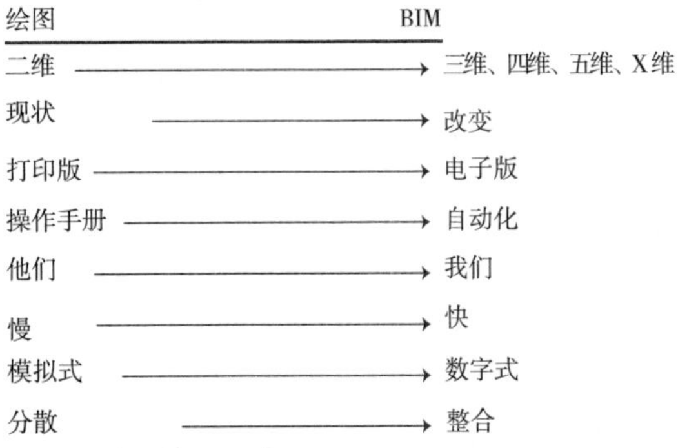

绘图		BIM
二维	→	三维、四维、五维、X 维
现状	→	改变
打印版	→	电子版
操作手册	→	自动化
他们	→	我们
慢	→	快
模拟式	→	数字式
分散	→	整合

图 2.7 BIM 的偏向。参见 Michael LeFevre, AIA, Holder Construction Co.

我们已经实施了，现在该怎么办？

你已经在工作场所应用了 BIM，现在应该做什么？

- 创建反馈回路
- 定期开会"休息"检查和讨论实施的情况，提供反馈，并进行必要的调整
- 制定 BIM 应用的目标并牢记理想的结果。憧憬将使它更容易实现

会影响公司 BIM 成功实施的因素如下：

- 经济性
- 培训
- 精力不济
- 公司规模调整；人力或工时调整
- 精通 CAD 而不熟悉 BIM
- 态度——主动性和兴趣还是被迫
- 可用资源
- 管理高层的疏忽、领导力、利益
- 职责模式、导师、培训师
- 项目的可用性
- 客户主动参与还是被动、不关心

建筑师兼顾问 Aaron Greven 曾在以前的公司根据关注点和规模以不同的方式实现 BIM。他解释说，一家中等规模的知名建筑公司用三个人尝试了一个很小的商业试点项目。"Revit5.0 我们都是自学的。这类项目是我们闭着眼睛都能做的，因此没有项目类型的学习曲线。成本中一部分是项目时间，一部分是'IT 培训'管理费。"[7]他解释说，第二家

公司主攻大型设计—建造项目，通过外部顾问对小规模的员工进行了结构更清晰的培训。

当最初的试点项目中止时，我们将 Revit 整合到大规模、多阶段的项目中，并寻找实现价值的机会，从而使公司内更多人看到我们是会成功的。我们有幸与已经实现三维应用的结构设计建造团队合作。然后聘用 HVAC 分包商用 ABS 制作施工图。相对于 ADT3.3 和堆在桌子上的图纸，利用这些信息改善施工和设计的协调过程非常轻松。

我们还做了一些范围和投标分析、渲染图、日照分析、LEED 数量汇总等……随着项目和机遇被用尽，最后的问题是经济。作为公司更加量化和精准的方法，是因为公司文化更量化或精准了，还是因为他们是建筑师？我们再从更多有经验的用户开始，重点建设符合公司当前图像的内容库、模板和文件，以保证过渡尽可能顺畅。室内指导是成功"传播知识"的关键，比如项目团队之间的技巧交流会。[8]

转向 BIM：五个共同关心的问题

当公司在考虑转向 BIM 时，通常会出现这五种典型问题：

1. 在 BIM 的过渡期工作效率会降低。

是的。在学习阶段或前一两个项目中平均工作效率会下降约 30%。然而，随后效率的显著提高会弥补初期损失的生产率。

2. BIM 工具很难学。

任何工具的使用方法和原因都需要理解。当它与变革带来的焦虑混在一起时，新工具的学习看上去就会更加可怕。

3. BIM 打乱了既定的工作流程。

工作流程的概念有两个方面：一项工作贯彻公司的过程及其进展的速率。BIM 会影响工作流程么？绝对会。BIM 影响工作流程的进展过程和速率。而事实是它中断了低效的工作流程。

4. BIM 的效益无法让设计师、承包商和业主共享。

通过减少常规制图和协调方法中的重复工作，BIM 让设计和工程团队更专注于高价值的设计，通过早期分析和可视化更多的了解设计，并为业主提供尽可能多的价值。

5. BIM 增加了风险和错误。

BIM 提供的方法会减少在设计过程中出现错误的风险。

Jarod Schultz，引自"Moving to BIM—5 Common Concerns," February 7, 2011, www.jarodschultz.com/?p=138.

走向 BIM 实施 　　37

实施 BIM 的工作清单非常多。这些基本步骤是最值得推荐的：

- 寻求帮助
- 制定工作流程图
- 确定关键人物并列出 BIM 梦之队
- 选择试点项目
- 创建反馈回路
- 总结经验教训，找出最佳实践方式

重要的问题在于学习 BIM 的最佳方式。学习 BIM 将在第 7 章详细讨论，在实施阶段需要问的是：学习 BIM 的最佳方法是线性的步骤还是分阶段进行？其中的区别是什么？

步骤是一种线性序列的活动，就像菜谱——先做这个、再做这个，以此类推，直到非常熟练。问题在于，这也许是一个灾难性的菜谱。人的工作速率不同。并不是每个步骤对每个人在每个项目中都是需要的。

这就是为什么要分阶段。下一节将讨论这个问题。

BIM 的阶段

由于实施的道路中有很多步骤，而且每个公司都会采用自己的步骤并排斥其他的，最好是让多个公司分阶段实施。

BIM 实施的十个步骤

下面就是公司转向 BIM 的关键步骤，不论公司是大是小。如果按照这个过程进行，一定会成功，绝不会后悔。BIM 会一直效力！以下是转型过程的概要。

1. 从主管开始全面支持；这是至关重要的。
2. 选出一位变革先锋。
3. 制定实施计划。
4. 确定试点项目和初始团队。
5. 聘请 BIM 顾问（团队内部专家）。
6. 建立正规的初步培训。

7. 改变术语，改变观念。

8. 评估实施计划；

9. 创建 BIM 手册；

10. 对其它项目团队重复上述过程，并将 BIM 流程应用于所有的新项目。

John Stebbins, "Successful BIM Implementation," June 12, 2009. www.digitalvis.com/successful-bim-implementation-learn-it-love-it-live-it.

大部分公司对 BIM 的探索始于轻松的三维可视化，然后通过更复杂的应用系统深入；高级用户将 BIM 在项目中的应用方法融入整个供应链。"显而易见的是，分析和出图等更高级的应用需要更多的项目团队协作。"

——John Stebbins，"Successful BIM Implementation," June 12, 2009. www.digitalvis.com/successful-bimimplementation-learn-it-love-it-live-it.

有些人提出采用分阶段、反复式、渐进式的实施方法，以减少最初步骤的成本和可能浪费的资源。其他人则喜欢敲定后全速前进，绝不回头——投入 100% 的精力和资源去实施计划。"不同于独立采用一项新技术，BIM 的实施必须分阶段进行。"[9]（图 2.8）

实施建议与机遇

BIM 和整合设计实现的前提是要了解你和员工吸收变化过程的最佳方式。由于每个公司都是独特的，因此不存在一种有效实施

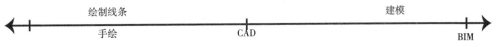

图 2.8　绘图 / 建模的连续性

BIM 的方式。你必须熟悉组织现有的流程，然后再应用技术解决方案。

尽管不存在一种在组织中有效实现 BIM 和整合设计的最佳方法——有太多因素却是需要考虑的，每种因素都需要或大或小的变化和调整——有一些实施技巧如果你认为适合你的团队是可以采纳的。在每一个阶段中，选择最适合你团队的一个步骤——这里列出的没有特定顺序。

办公标准

实施初期就应在办公标准上达成一致，包括标题块、墙体标签、标注框大小和样式。话虽如此，不要让字体、标题块和对象样式阻碍你 BIM 流程的进展。如果有必要，可以考虑使用框外的标准，将程序外观和感受接近现有办公标准的决策向内部质量控制、CAD 或 BIM 委员会、技术负责人、IT 工作人员提出。把这些早期决策作为成功的标志，确定为经签署的 BIM 手册，分发给所有参与的员工。

细节度

监测和在必要的情况下控制输入模型的细节量是一个挑战——不只是为了用模型工作的你，也是为了管理。微观管理的需求在这里很强。BIM 在一开始可能会信息过载——或许你会选择用 SketchUP 或 Rhino 等概念设计程序，然后再将模型导入 BIM 程序。

不要加载过多的细节——设计的任何一个阶段都容易出现这个问题。同时，BIM 也需要大量预加信息——花大量精力填写对话框和录入信息对这个阶段的回报是最低的。关键是找出以下内容所需的信息和细节的数量和类型并按重要性排序：（1）达到你所在阶段的目标和预期；（2）为后续阶段及团队需求做好准备。同样重要的是找出无须绘出的细节——或者对项目施工不重要，或者不满足二八法则的标准（20% 的细节准确反映出 80% 的条件），或者最好由他人处理。

抛开过去

必须承认，你是在一个成熟的工作环境中实施新的软件和流程——而不是在真空中。"通常，应用新技术的最大障碍之一就是与既有的工作流程结合。"[10]

建筑师自然十分熟悉将新建筑或干预引入现存环境的概念——对既成之物保持敏感。BIM 的实施也是同样的道理。公司有它的文化、习惯、做法、程序和工作流程，这些可以视为一系列现有条件，你在引入新事物时应对此敏感。

需要考虑的一点是：一旦在 BIM 环境中工作，你就会有充分的理由放弃 CAD。但是你还不能彻底抛弃 CAD。有的公司建议，手上保留一份拷贝，以便在紧急情况下，可以读取以这种格式发来的文件。同样不要用 CAD 画详图。弱化二维 CAD 的作用，但不要彻底抛弃。

进行自我评估

为你自己和你的公司做一个自我评估（见侧边栏）。问问自己：你属于哪类公司——设计？交付？在全面推行新技术和流程之前，最好回顾一下公司的使命。

你会从兜售培训服务的 BIM 培训师那里听到这一建议。但一刀切是不可能的。所以要选择最适合自己和公司的做法。它要对你有用。这是一个适合的问题——而且要非常适合。

BIM 自我评估

在实施之前，最好问自己几个问题：

1. 即将使用这个程序的人有多懂电脑？

2. 投资回收期是什么范围？使用者从培训到应用 Revit 需要 6 个月吗？

3. 需要投入多少时间去帮助个人？

4. 会有多少人参加培训课程？我想可能会有限制。能否选出一部分学习基本原理，再按需要教授给他人？

5.Revit 平台会安排多少工作？如果仍处于试点项目阶段，就没有必要培训所有人。

6. 这些基本原理可以在其他地方学到吗？能通过一本书或在教程先教会一部分人么？或者有可用的网络广播或视频吗？提供指导既是教学服务也是技能！

7. 这些资金可以更好的花在专业课程——如 Autodesk U 么？

8. 你能否从预期明确的"简单"试点项目（最初总是这样的）开始？明确的预期包括你在项目中的角色（模板和项目设置是巨大的因素）、将那些内容建模、细节如何处理（AutoCAD 与 Revit）、截止日期（我建议在初期项目阶段制定更紧张的期限，为施工图提供更多的时间）等。

---

emgeeo, from comment posted on RevitCity forum, July 2, 2008. http://www.revitcity.com/forums. php?action=viewthread&thread_id=10171

制定计划

40

确保管理高层的支持并与设计团队沟通——也就是说，兼顾自上而下和自下而上

的方式。一些人会参与 BIM 工作并辅助设计技术所需的新流程，与他们沟通可以保证未来实施的顺利；确保参与影响实施决策的委托人、用户和利益相关者的支持；或至少能对决策进行传达和说明，即便这一过程并不完全透明和民主。

根据需求调整实施计划。以适合为理念，你的目标是与你公司的工作方式整合且契合的 BIM 方法。考虑到背景在设计中对大多数建筑师的重要性，令人咋舌的是，适合 / 契合的理念在 BIM 实施中通常被忽视。你需要定期开会、接受反馈、进行调整。

评估团队的进步

评估团队成员的进步是相对容易实现的。定期举行会议，建立激励（或者要求）员工跟进的协定，并征求反馈意见。然后，提供所有收集到的与投资回报率、项目完成比率、花费小时数等有关的数据。（图 2.9）

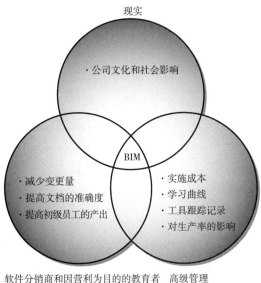

图 2.9 BIM 最大的进步出现在多种因素和输入的汇合处

训练员工

达到熟练使用 BIM 的水平，理解如何使用程序，熟悉工作流程及其对团队成员和非 BIM 环境工作者的潜在影响，对成功实施都是至关重要的。

虽然学习是实施 BIM 的一个重要部分，但还有一些要抛弃的内容。例如，学习 BIM 对于那些非常熟悉 CAD 的人来说是最难的。CAD 的使用者偏向于以他们的方式使用 BIM 或使之更像 CAD。下面提出一些建议：不要让 BIM 更接近 CAD——你会失望的。相反，学会 BIM 程序的思路——即便推销材料说这种程序已经具备建筑师的思维。对于懂行的人，无论推销怎样说，BIM 的思路就像一个好的承包商。承包商考虑的是如何建造建筑——构件如何组合在一起。在用 BIM 工作时，必须形成一种提问的思维方式，"我要如何建造这种建筑？"（关于培训的更多内容见第 7 章）

当我第一次在 BIM 接受培训时，青年团队成员通过建模学到了更多关于施工的东西。你可能会有这样的感觉：你的员工擅长使用计算机，但对建筑施工却不熟悉——这就是 BIM 的难题：计算机技术相对于施工知识。其中一个强调得不够的问题就是，应该深刻理解建筑物是如何建成的。不幸的是，我们看到许多刚走进这行的年轻毕业生对如何建成设计出来的建筑缺乏基本的认识。在新的 BIM 环境和当前趋于整合的实践中，这种核心能力是非常重要的。行业中许多年轻的职员具有较强的计算机应用能力，包括 BIM 平台；但其建筑技术水平却严重不足。我们的经验是，一个具备专业施工技术的团队成员需要对实习员工进行指导，并用 BIM 整合并肩工作。这无论怎样强调都不为过。[11]

培训教程与试点项目

当设计人员考虑如何将 BIM 技术最出色地应用于他们的公司，他们经常会考虑在工程项目中利用该技术——不一定是真实的项目——也可以是一项真实的但被暂时搁置的项目。他们关心客户的期望和已设定的参数，比如进度和预算。他们想知道是否该选择一个小项目还是一个较大的有意义的项目，同时也关心项目是否具有重复性的元素或系统。

许多人认为，在实际项目中应用 BIM 是最好的选择，因为它让你思考正在做的是什么——不只是过一遍最详细的教程或现场/非现场培训："公司作为一个团队参加现场培训，通过了 Revit 的基础训练……这些培训使员工熟悉了 Revit 的基本功能，并向他们介绍了可用于 Revit 模型的免费在线建筑构件库。然而，当员工回到他们的工作环境，真实世界中项目的具体细节降低了员工的生产效率"。[12] 此外，根据项目的规模，你的团队有机会采用工作组的形式——同一时间两人或多人在模型上工作。"虽然我们知道如何使用软件的大部分功能，然而要把课堂所学用于自己的项目，比想象中要难得多"，公司主管 Jon Covington 说。"你不知道你有多么不了解软件，直到付诸实践。"[13]

不要去等待适合的项目——直接跳下去就会知道水深。"对于尚未动身的人，无疑许多公司想转向 BIM，但却在等适合的项目——复杂程度足以充分发挥技术的潜在效益，同时又简单到能让团队成员顺利使用陌生的工具。"[14] 一旦最初的员工能够快速使用这项技术，就会出现一个重要的社会机遇，让那些想教或有指导、培训和教学天赋的人培训下一群员工使用工具。这是一个被严重忽视的激励因素——由员工为同事提供在职培训。作为一种内在的回报，每年为员工提供必要培训的新增费用甚至可以被消化。

培训后的实践

42 在这里，一万小时定律是适用的。最初培训是一件事，但你的最终目标是精通软件和工作流程。越早精通，就能越早开始处理新的信息，并进入下一阶段。（关于减少培训时间的方法，请看下一项。）

辅导

你当然可以不依靠辅导，自己熟悉、练习使用并学会 BIM。但辅导会给你带来巨大的差异！ BIM 辅导将让你把目光放在近期和长远目标上，针对你的发展阶段和情况提供相应的窍门、提示和简便方法。最重要的是，辅导会告诉你如何在较短的时间内掌握BIM——甚至将一万小时缩短一半。

BIM 培训资源

虽然并不是 BIM 实施过程中的一个正式阶段或者步骤，但是有一两个很好的智囊能快速而严格地应对 BIM 的难题，可以节省大量的时间和精力。当那些已经解决同样问题的人可以给你帮助的时候，为什么要从头开始——而且和教练不同，这些通常是免费的。

由于资源是不断变化、增加和更新的，我在这里只举一个在线资源帮助我们项目团队的例子。Brad Beck 在 AUGI 线上论坛发布了双（复合）弧形墙的问题。在两个小时内，他收到了两种解决方案。这些第一时间的回答都是非常专业的，而且免费。话虽如此，在 AUGI 这种全志愿者网站，你应该甚至必须贡献自己的知识。当你变得更专业时，会发现这是用 BIM 工作的一种回馈。

选择合适的人

正如 Jim Collins 在《从优秀到卓越》中所说，"让合适的人上车"，[15] 最先投入 BIM 工作的最佳人选并不一定是精通 CAD 的人。更常见的情况是相反的。正如我们将看到的，那些用CAD工作的人可能有很多习惯要抛弃，之后才能去学习 BIM 程序和环境的相关内容。相反,最初的 BIM 应用要选择反应快、有意愿、有能力并会自主学习的人。换句话说，选择那些灵活和开放的人去培训和学习新技能，而不是那些自称专家的人。

BIM 实施中的挑战与机遇

和用 BIM 工作的益处一样，它的挑战不仅众人皆知而且数量庞大，第一章中已有概述。可以说，工作方式的任何变化都会带来困难，有的相对容易克服。这些已知的挑战是可以预见、并在公司最初实施 BIM 的过程中可以克服的。"今天很多的 BIM 流程是没有规定的，一定程度上是因为这种方法是新的，同时也因为这需要所有利益相关者共同工作。当客户问建筑师会不会'用 BIM'，但他其实并没有完全理解 BIM 的内涵时，建筑师必须成为一个值得信赖的顾问，告诉客户什么是

BIM 以及它会给流程和利益相关者带来怎样的效益。"[16] 正是因为这个原因，在全面应用程序之前，提前做好功课是很重要的。"新的软件只是建筑信息建模的一个方面——确保你理解这种新方法对整个建筑生命周期带来的挑战。"[17]（图 2.10）

43

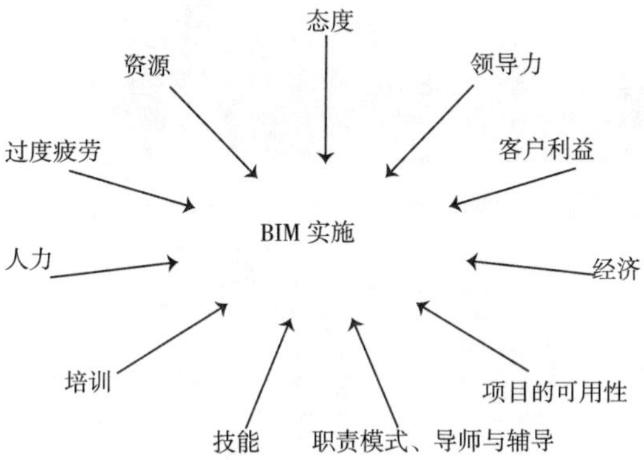

图 2.10　BIM 的成功实施会受到多方因素的影响

更多的硬件需求

当你第一次开始用 BIM 时，特别是只有一两个人在这个项目上时，文件的大小是可控的，你很可能会依靠现有的硬件来支持这个工作。一旦有人加入团队中——内部人员或者也在用 BIM 模型工作的顾问和工程师——根据文件的大小，你可能会发现需要增加系统内存。

对期望的管理

你几乎立刻会发现，有必要管理那些正在用或者没有用 BIM 工作的人的期望。由于学习曲线有时很陡，对于那些期望立竿见影的人来说进步不是明显的，或者至少和先前使用 CAD 的时间框架是无法比拟的。这包括业主以及你公司中不情愿地同意实施的高层管理者的期望。重要的是让每个人都认识到这项工作至少在短期内是需要时间的——如果没有额外时间，则需付出更大努力——直到每个人都能执行这种程序和流程。

一座塔楼快速拔地而起，然后好几个星期就像停工一样，而电工正在铺设管道和电线。相同的过程也发生在 BIM 中，整个团队在幕后忙着填写对话框，将信息输入到模型中。至少一个建筑师已经发现，将内墙调整到外墙会消耗一周的时间，却不会展示任何成果。肯定是有进展；只是不能明显地展示给每一个人。你的工作不但是去监督，而且要提升影响。根据得到的这些数据以及你能够更新模型的时间来设定预期。

应考虑适当的团队构成（那些精通 CAD 的人不一定是展示 BIM 的最佳人选）、项目和团队的大小（较大的项目所需人数可能会超过公司经过 BIM 培训的人数）以及不同阶段对模型的恰当运用（当细节度或数据不足时不要做过大的模型）。

很快就有更多的人需要管理

很快，越来越多的人加入这个工作平台，也将需要越来越多的决定。一旦实施了 BIM，这就是一个关键的差别、挑战和机会。建筑师需要提醒自己，这就是他们一直想要的：尽早出现在整个流程中。然而建筑师总是不这样想。相反，他们总是问自己："有人邀请我们早点参与，我们本可以得到更多的信息——但是谁邀请了别的人呢？这些别的人又是谁呢？"（图 2.11）

44

A GLIMPSE AT THE TECHNOLOGY BEHIND VIRTUAL CONSTRUCTION

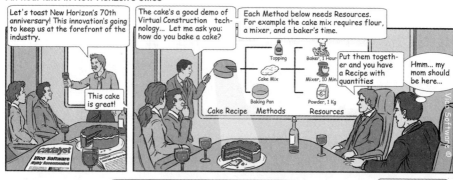

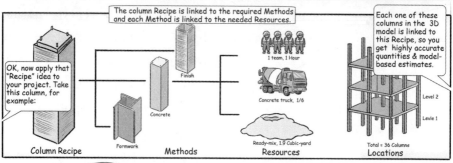

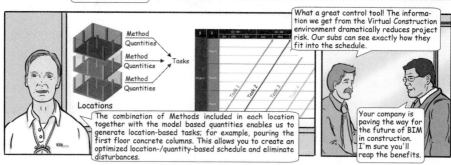

图 2.11　漫画在人性化地展示虚拟施工技术的轮廓……还是在卖更多授权？VicoComic No. 4, Vico Software Virtual Construction Comics

身份问题

在用 BIM，尤其是整合设计工作的过程中，你会很快注意到一件事，就是在团队中很少明确提及"建筑师"。在哪里会提及建筑师呢？建筑师问："我看到的全是设计和设计者。那是我么？"建筑师想知道他们是否依然重要，而不是被边缘化——或者至少像其他人一样可以提出看法，并被当为专家。建筑师和其他人一样——不高也不低——希望被爱、被欣赏、能发表自己的看法、被聆听、被了解、被认可和被尊重。

对他人的影响

不必说，当你用 BIM 工作时，请问自己，这其中更大的意义是什么？这个决定还会影响谁？这种行动的后果是什么？这些都是始终应问的，甚至应在 BIM 工作开始前——但更关键的是在你的公司实施 BIM 时间这些问题。

对进度的影响

如果一切顺利，用不了多久你就会发现，实施 BIM 带来了生产率的巨大提升。从商业角度看，投资回报率是一方面。同样重要的是让公司内其他人看到生产率（的提高），正如我们前面看到的。

为了实现生产率的提高，你必须确认在 BIM 中工作的人对建筑的建造过程有所理解。这就需要更多的辅导，但假以时日你就会看到这个以知识为基础的投资回报率。一旦你进入（之前的）施工图阶段，资金方面的投资回报率就会实现。根据项目大小，原来 16 到 18 周的时间可能要缩短为 4 到 5 周。这将有社会和经济方面的影响，尤其是对于那些至今工作一直集中在项目交付后期的人。另外，如果你按照现在用 CAD 工作的时间框架，你会有更多的时间来设计。举个例子，我们假设有 32 周的 CAD 工作时间：

8 周初步设计（SD）；

8 周扩初设计（DD）；

16 周施工图设计（CD）。

现在，对比用 BIM 工作的 24 周：

12 周初步设计（SD）；

8 周扩初设计（DD）；

4 周施工图设计（CD）。

言下之意是，为了减少整体时间，你可以花更多的时间在最初的设计阶段。不过，一个关于突然减少项目时间的直接问题是：我们的客户习惯于用 8 周做 SD，8 周做 DD 和 16 周做 CD。为什么他们习惯给你 8 周却给了你 12 周做 SD 呢？而且客户认为 8 周时间已经足够长了。

答案是很明确的：客户或者业主很可能仍然希望你用 20 周来完成最初需要 32 周的工作，并坚持要求用 8 周做 SD。这就是你说明、解释和证明获取更多信息并尽早做出决定的重要性的能力——即你的说服技巧——至关重要的地方。

因技术培训降低的生产率

这里的问题是，在 BIM 的实施中损失了多少时间和生产率来进行培训。一项研究曾

46 这样描述："最近关于 Revit 用户的在线调查表明，虽然在最初培训阶段平均有 25% 到 50% 的生产率损失，但许多 Revit 新用户只用了三四个月就达到了与之前设计工具相同的生产率。根据这一统计，使用 Revit 带来的长期生产率提升从 10% 到超过 100%。超过一半的被访者表示整体生产率增加了不止 50%，接近 20% 的人认为生产率增加超过了 100%。"[18] 虽然每个用户的结果不同，但认为 BIM 会降低生产率只是短视的想法。

增加沟通的机会

很少有设计专业人士考虑过当初启用 BIM 的积极社会效益。但 BIM 模型的可视化促进了团队内部以及与业主的交流。确保你表达了想表达的内容——剖视图、渲染图或观众视角的鸟瞰图，并问问自己他们想要的是什么内容。

BIM 的实施不只是增加了与业主交流的机会，还有各个方面。随着沟通的增加，各专业间的协调工作也会增加。确保交换与分享的信息具有可读性和互用性，能增加沟通并加快设计过程。

访谈 1

Paul Durand 是创立 Winter Street Architectss 的负责人、天生的冒险家，也是一位较早采用 BIM 与 IPD 的人。

Allison Scott 是 Winter Street Architectss 的商业发展主管，一位具有技术和设计背景的战略市场营销和沟通专家。

你曾提到向 BIM 转型是"艰苦而昂贵"、"充满灾难和挫折的一年"。请再谈谈你的公司应用 BIM 的经历。WSA 最大的挑战和障碍是什么？它们是更偏向技术（硬件 / 软件）还是公司文化？

Paul Durand：都是，一直是。这个转型远远超出我们的预料。我们选择了坚持。2003 年我们购买第一个授权。当时我们认为这就是未来。我们公司有人非常聪明，也很擅长这个，觉得晚上回家玩一玩这个软件是很有意思的。她一直是我们的试驾员。我们启动了一个项目——让我们看到怎么使用、怎么普及、怎么培训公司的每个人。不幸的是，她对事物的理解并不总是大家都能理解的。我们取得了一定成功。这个软件已经用了，但还没用起来。我们知道会这样。但即便在那时我们也知道这就是未来，它会让我们先行一步。我们已经迈出脚。我们换掉了所有授权。每个人都必须学会并使用它。

Allison Scott：我们不能不会用 BIM。这是我们的座右铭（图 2.12）。

47 PD：每一个人都在用 Revit 做 AutoCAD 过去做的事。每个人都赶在最后期限出图，但出乎意料的是打印机坏了，硬件完蛋了。我们更换了所有硬件，并买了价值 4 万美元的新打印

机。我们当中有一些唱反调的——那些长达
10 年或 12 年的 AutoCAD 使用者——并不欢
迎它（这至今是一个问题）。尽管如此，我们
还是做到了。这个过程很痛苦、很昂贵，它给
公司带来了很大压力，影响了企业文化。我们
要像传播福音那样，告诉人们"这就是未来。
相信我，这就是未来！"最后终于成功了。我
们有 25 到 27 个人。那没什么困难的。你的公
司要是再大些或小些，那就会更难了。我们发
现最大的问题是熟练程度不足。我想这也是
应用 CAD 曾出现的问题。我们也很早就用了
CAD，当时人们说用手绘图比电脑快。但人们
一旦精通了，就没有人再去手绘。BIM 也是相
同的。一旦精通了，没有人希望再回去，因为
其他环节都变得更好、更容易了。这个过程令
人痛苦，却改变了我们的世界。我的合伙人和
我在讲台上宣讲，但是大多数人非常愤怒并感
到有压力，因为他们要面对截止时间的人。

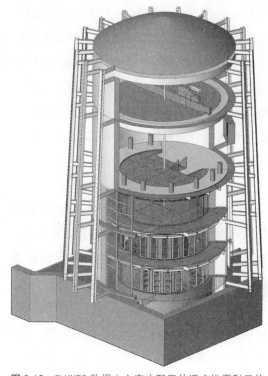

图 2.12 CLUMEQ 数据中心室内配置的适应性再利用的
BIM 模型剖轴测（© Winter Street Architectss）

但是我们做到了。这需要时间——很可能是一年。
但是我们做得越来越好了。

据说从没使用过 AutoCAD 的人在学习和使用 Revit 上会相对轻松一些，因为这样就不会
倾向于以二维绘图的方式思考问题。

PD: AutoCAD 就像是用电脑画图。而 Revit 则像是建立模型。它们是两个不同的东西、
两套不同的技能组合，并且运用方式也不同。AutoCAD 铁杆用户的问题是，他们试图在
Revit 中继续做 AutoCAD 所做的事情，因此他们最终将 Revit 简化为一个制图工具。他们
真正需要的是，认识到 Revit 是一个建模工具，一种虚拟建筑工具。我们的目标是实现虚
拟建造。

AS: 我们发现许多 AutoCAD 专家级用户知道怎样造假。但在 Revit 中是不可能造假的
（图 2.13）。

PD: 这是一个熟练的事情；它是一种习惯，并要树立正确的意识——你是在建模。这
之所以困难是因为他们知道要做的事情，并且有制作施工图或设计的压力。而它令人沮丧
的原因是他们无法轻松实现他们的目标。现在，数年之后出现了一些擅长 Revit 的人。而
我们这些不绘图的负责人还是不擅长。作为补充，我们与当地大学开展了一个辅导计划。

48

我们这个合作试点方案对实习生大有裨益，让他们能够处理真实、重要的项目；对于很少使用 Revit 的老员工也能安排他们想要的东西。我有一个愿景——但还不知道怎样实现。他们将通过 BIM 找出一条道路。我的合伙人和我将继续鞭策我们的队伍走向更高的层次。

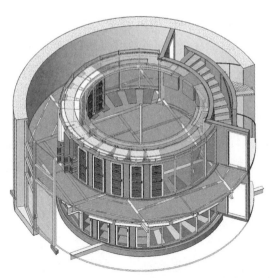

对你来说，首先是在工程上应用 BIM 还是整合设计？你的公司在 BIM 项目中不进行整合设计还是在整合设计中不进行 BIM 项目？你是否认为这二者是相辅相成的？

图 2.13　CLUMEQ 数据中心室内配置的适应性再利用的两层 BIM 模型（© Winter Street Architectss）

PD: 首先是 BIM。我们是 2003 年接触它的。是这里的一些人展示给我的，他们认为这是最新、最了不起的东西。我不是典型的软件迷甚至技术迷，但当我了解它之后，就立刻意识到它将改变我们的行业。它给了我们能更好工作的工具，而这是我们长期以来应该的工作方式。在了解的 BIM 过程中，我又发现了 IPD，并在一年后实施了 IPD。这对我们来说意义非凡。因为从概念上讲，我们一直都是合作者：我们知道承包商和其他人擅长的东西，知道我们擅长的东西。而他们不擅长我们擅长的东西，我们也不大擅长其他人擅长的东西。协同的过程一直在给我们提供信息。我们越早地实现协同过程，就能越好地完成项目。因为我们发现，对于不做的事情就应改变立场。最终的设计打了折扣，这总是令人难受的。我们已与理想结缘——绝不会放弃。我们感到失落，我们妥协了。我宁愿提前面对现实问题，以便解决问题，而不必受妥协之苦（图 2.14、图 2.15）。

> 这对我们来说意义非凡。因为从概念上讲我们一直都是合作者：我们知道承包商和其他人擅长的东西，知道我们擅长的东西。而他们不擅长我们擅长的东西，我们也不大擅长其他人擅长的东西。

> ——Paul Durand

你现在可以瞬间为客户提供一个立面甚至是详细的透视图。你曾经是否担心，用 BIM 工作无法带来有效的回报——特别是在流程开放和透明的情况下？你提到投资为客户节省了时间和成本。那你自己的公司情况怎样呢？

PD：我不担心用 BIM 所做的一切无法带来回报——比如要做的每个剖面——因为这不是额外的工作。我们出售的是服务和创意。而 BIM 是帮助我们进行表达的工具，能够改善我们

图 2.14　CLUMEQ 数据中心外观（© Winter Street Architectss）

图 2.15　CLUMEQ 数据中心的施工现场（© Winter Street Architectss）

的服务。因此我们根据它来考虑我们的工作需要什么，然后说，"这是我们的报价"。我们过去总为额外的渲染图和视图提供额外服务。我发现这个特别的工具能让我们为客户提供更多的东西——没有额外花费——而是包含在费用总额中（图 2.16、图 2.17）。

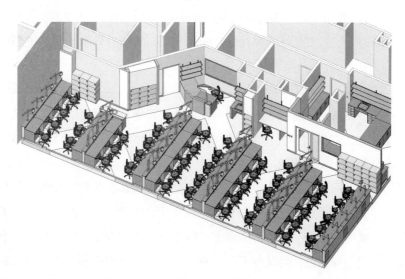

图 2.16　Maloney 实验室扩建，教室和实验室的三维轴测图（© Winter Street Architectss）

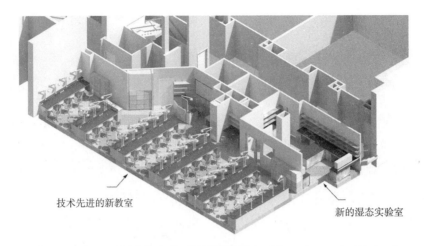

技术先进的新教室　　　　　　　　　　　　　　　新的湿态实验室

图 2.17　Maloney 实验室扩建，三维轴测渲染图（© Winter Street Architectss）

当你应用 BIM 时有没有发现客户的期望提高？

Paul：BIM 对于客户来说仍是新事物，并没有很多人掌握 BIM。我们有不同的工作和不同的客户。客户对于我们如此容易、快速地提供这些东西而且没有额外费用还是很惊讶的。最终他们会明白并知道这些都是可能的。但目前这真的给我们带来了竞争优势。当客户要求进行展示时，我们就会让他们看到用这些工具来创建视图、渲染图，以及打印塑料模型是多么容易。例如，在一次小镇讨论会上，来自街区的人问，从我的后院能看到什么？然后我们就可以展示给他。这令人印象深刻，让很多反对意见烟消云散。批准的速度也加快了。当我们在申请办公楼设计的政府部门批准时，一个极难打动的人物问，"从我办公桌上能看到什么"——我们能在数秒内展示给她（图 2.18、图 2.19）。

我们努力使工作与客户密切相关。我们怎样通过设计使他们的生意更好？我们观察有利于客户的最新技术和发展趋势。我们不是那种等客户提供工作的建筑师，而是为客户提供解决方案。

——Paul Durand

你的公司在这个充满经济挑战的时代是一个成功的案例。你是否能分享一下是什么因素使你的公司和工作方式与其他挣扎中的公司不同？公司的文化因素对这样的成功有多重要，比如开放频繁的沟通、协作的精神、信任？

Paul：我们与众不同之处在于企业精神。承包商说他们喜欢与我们合作，是因为我们对待建筑如同商务。我们之前认为这是一种冒犯。现在我更明白他们的意思。我们是具有企业精神的；我们把创造力、愿景、魄力带入商业实践以及设计工作中。但是我们努力使工作与客户密切相关。我们怎样通过设计使他们的生意更好？我们观察有利于客户的最新技术和发展趋势。我们不是那种等客户提供工作的建筑师，而是为客户提供解决方案，就像一个技术　52

图 2.18　Maloney 实验室扩建，透视图（© Winter Street Architectss）

图 2.19　Maloney 实验室扩建，带灯光效果的透视渲染图（© Winter Street Architectss）

公司。当建筑业火热、资金流动通畅、有大量项目时——我们发现这是投入研发的好时机，去考察我们擅长的东西、客户的需求，为建筑业放缓做准备。当走出这种经济情况时，人们想去做什么呢？去年，我们聘请了一个工作空间规划的专家，他对未来的工作空间是有想法的。为此，我们花了十二个月的时间研究采用虚拟员工的转型空间。我们做了一个更精益、更节俭、更绿色的工作空间参考设计。我们问：虚拟员工会使工作场所如何改变？人们都在问：我们要实现增长——怎样才能不提高物业费用实现它呢？即使在很多朋友失业的情况下，我们还是让员工留任在公司甚至加薪（图 2.20、图 2.21）。

图 2.20　Maloney 实验室扩建，线框透视（© Winter Street Architects）

你充分利用了 Web 2.0 技术——社交媒体。你认为效果如何？

AS：在经济不景气情况下，我们知道不可能用同样的资金实现传统的营销方案。我们的成功在于没有走传统的道路。我们想推动事物的发展，改变工作的方法，因为我们的许多客户都在推进新技术。我们越来越多地接触到他们采用的技术，并开始采用。去年，我们启动了深度社交媒体营销计划，实现了巨大的增长。我们看到了强烈反响。今天和你在电话上

图 2.21　Maloney 实验室扩建，渲染透视（© Winter Street Architects）

沟通也是因为我们的博客。Paul、Mark（Paul 的商业合伙人）和我都痴迷于新技术的应用。这是我在 Paul 和 Mark 身上看到的，是在先期采用 BIM 技术的 Winter Street 公司看到的——他们围绕 BIM 研发了新的流程来支持客户的模型。在 Kurzweil 技术公司的背景下，让 Paul、Mark 与 Ray Kurzweil 讨论设计与技术的融合的紧迫性，是我们不能忽视的。我们接受并充分利用的同时，其他人却在回避或害怕，这给了我们独特的优势。

我们希望与客户成为伙伴。有一位 MBA 课程的教授告诉我："好的设计师不是出租车司机。他们不只是把你从一个地方带到另一个地方。他们实际上是导游，帮助你欣赏一路的风景。"我们考虑的不仅是如何建造更好的建筑，还有它对我们商务的影响，它将如何改善我们的商务。Paul 说，我们要从客户的角度去思考。BIM 与整合设计过程对此自然会有帮助。（图 2.22 至图 2.38。注：下段访谈的插图是说明性的，由 WSA 提供。）

访谈 2

Aaron Greven 是向承包商、设计公司和业主推广 BIM 应用的顾问，有主持大型建筑项目的经验，曾为设计–建造公司担任项目主管。

你第一次接触 BIM 软件是什么时候，你对它的第一反应是什么？

Aaron Greven：六年前我正在寻找新的工具来简化文档管理流程。经过自己研究之后，我想找一个小规模的试点项目探索 Revit（当时是 4.0 版）的潜力。我最初的反应是，这会非常艰难，但它的潜力却是令人激动的。我一直关注能使建筑文件流程中"枯燥的制图"自动化和提速的插件——而 Revit 似乎可以解决这类问题。起初因为没有最佳实践、指导书和资源以及成功案例，我那时感到非常沮丧。

作为以 CAD 为职责一路走来的建筑师，我更像是一个解决问题的人，不满足于"这行不通"——我一直在寻找解决问题的新途径，永远在找新的工具。Revit 是一个致力于从建筑师的角度去思考的工具。现在 Revit 的营销有些夸大其词：Revit 将会解决你所有的问题；按一个键——就会瞬间建模。这是工具功能的过度简化。

在过去的三年里，用户之间的沟通已经彻底改变了人们的学习方式。你不再需要等待杂志。互联网的信息量是不可思议的。当然也有很多垃圾信息，要知道如何分辨和筛选。还有些说不上不准确但是不完整的信息。你需要一个可靠的信息来源。我最喜欢选择的网站之一是 designreform.net——它有教程、评论以及各种软件。对于新用户来说，有些信息是很可怕的。需要培养筛选有价值信息的能力。David Ivey 的 BIM 和 IPD 小组由多样化的人员组成——不只有 Revit 技术狂。

你在何时认定 BIM 将是设计行业和 AECO 产业的未来？

Aaron：试点项目之后，我与 Optima 公司在设计 – 建造项目中合作，看到了模型信息对于整个项目团队的真实价值和潜力，而不只是更好的制图过程。仅凭几个建筑师组成的团队，我们就能快速准确地完成扩初深度的文档，向早期投标人提供材料数量，并更充分地了解项目 – 设计初期的决策内容及其对成本和范围的影响。这使我清楚地看到智能制图和智慧模型可以带给整个团队的价值。如果建筑师看不到对内部流程的投资回报，业主和承包商最终也会看到，并要求提供这些信息。

现在我合作的大多数公司都把 BIM 看成赢得新项目的一种投资。

——Aaron Greven

BIM 软件是昂贵的。你怎么证明这种支出的合理性？

AG：我的经验主要来自有明确技术预算的大中型企业，它们能承担 BIM 技术的成本。现在同我合作的大多数公司都把它看成是赢得新项目的一种投资。在当前环境下，一两年前会有五家公司索取的招标公告现在至少有十到十五家。竞争越来越激烈，企业都意识到需要使自己更加与众不同并扩展服务，以此来赢得更多的新的工作。

同 CAD 相比，应用 BIM 给你与合作者的工作流程带来了什么变化？

AG：可以说是四两拨千斤，包括小型项目团队。用同一个模型工作需要更多的交流。设计过程中会更注重使用三维视图和渲染图。传统上，三维视图是为了验证既有设计意图的一种静态展示手段，而不能创造性地解决问题。

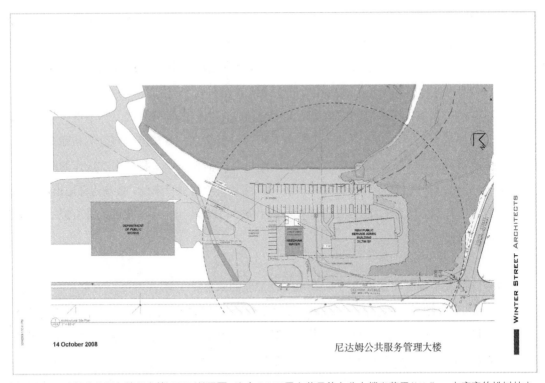

图 2.22 尼达姆公共服务管理大楼（PSAB）总平面。这个 2.1 万平方英尺的办公大楼坐落于 Needham 水库旁的松树林中，这是由生态条件、退线及其与相邻的水务大厦关系决定的（© Winter Street Architects）

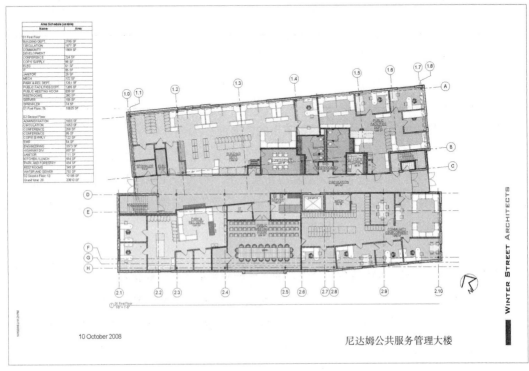

图 2.23 尼达姆公共服务管理大楼（PSAB）一层平面（© Winter Street Architects）

在沟通、技术和协同工作流程方面你遇到过什么难题吗？

AG：有！我们自始至终都有 IT 方面的担忧——CPU 性能和网络能力，不过这是难以避免的。与领导层的沟通是非常困难的，因为他们根本不了解设计和文件的基本流程，所以更别说 BIM 所需的变革了。也有少数的高层看到了问题、挑战和机遇——但未能调整其他公司领导的预期。让新的用户使用新的工具意味着一场充满挑战的变革之旅。

56

图 2.24　尼达姆公共服务管理大楼（PSAB）透视——初期概念性方案（© Winter Street Architects）

图 2.25　尼达姆公共服务管理大楼（PSAB）透视——增加细节后（© Winter Street Architects）

有一个先入为主的流行观点，认为 BIM 最适合重复性的大型新建项目。对于现有条件，你能就项目的大小 / 规模 / 范围 / 新旧方面提出建议吗？ BIM 应用是否有一个理想的公司规模？

AG：这完全取决于项目参与人员的经验水平。如果我的团队有四五名建筑师，至少四五年 Revit 经验，那么我敢说任何规模的项目都是可行的。同样取决于起始点和有个设计团队的能力。因此，经验是关键，包括工具和项目类型两个方面。

57　　在基本工作水平上，这个工具会让你事半功倍。从过去四五年的项目中，我发现项目团队可以更精简。

——Aaron Greven

当团队到第二或第三个项目时熟练起来，减少人员能得到同样的效果吗？

AG：并且被视作一种威胁？是的！在基本工作水平上，这个工具会让你事半功倍。从过去四五年的项目中，我发现项目团队可以更精简。展望未来，项目成果将会不同，项目团队也会变小。

施工图的作用以及它在整个流程中的位置在变化。方案会成为合同的内容么？我不知道未来会怎样。100% 采用施工图的状况会改变。它作为文件和交付成果的价值已经在减少。

图 2.26　尼达姆公共服务管理大楼（PSAB）入口透视——渲染图（上）和施工期间的照片（下）（© Winter Street Architects）

如果不让建筑师制作图纸，而让承包商进行设计的工作，会侵占建筑师的地盘。我想这会有麻烦。

AG：我同意。施工图是整合设计与 BIM 中很短的一个阶段。一旦模型的表达到了一定深度，制作施工图就会很容易。话虽如此，虽是简单了，但也不是一键出图。

图 2.27　尼达姆公共服务管理大楼（PSAB）竣工后（© Winter Street Architects）

根本上说，并不了解数字技术。

在你之前的公司，所有人都在用 BIM
58　**吗？有没有岗位你认为是不需要学习此类软件的？**

AG：没有学习的是将它看成三维渲染延伸工具的管理者和设计师。他们认为这种软件是生成图像而非解决设计问题的人——从

有人说 BIM 的主要用户是年轻的新员工。

AG：在一定程度上我同意这个说法——这取决于人们对"新"的渴望和适应能力。数字工具的使用需要积极主动、有兴趣探索论述较少的新工具的最佳用法的人。

你有没有一个建筑在以其他手段设计以后，再使用 BIM 深化设计和出图的情况？

AG：在熟练的人手中，BIM 是设计的一把好剑。新手因使用其他工具更快更有效而困惑。BIM 让设计更加智能。

BIM 只是一种工具，还是一种（CAD 的）发展，或是革命？哪种说法对呢？为什么？

AG："一种革命性的工具"——说它是"工具"是因为它代表了其他软件，当与非三维软件结合使用时，能为建筑师提供实现创意的新途径。"革命性"是因为它代表了项目出图概念的重大动态变革。

在熟练的人手中，BIM 是设计的一把好剑。新手因使用其他工具更快更有效而困惑。BIM 让设计更加智能。

——Aaron Greven

图 2.28 朴茨茅斯 2 号消防站竣工后实景（© Winter Street Architects © Damianos Photography）

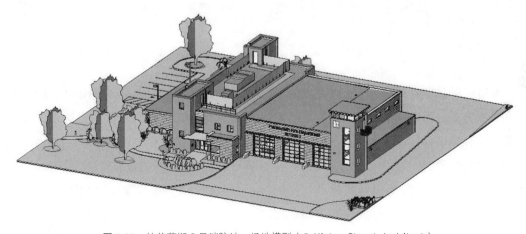

图 2.29 朴茨茅斯 2 号消防站，场地模型（© Winter Street Architect）

BIM 技术实际上已经出现了数十年，你感觉是什么原因使大部分公司并没有完全采用 BIM？你认为是什么阻碍着公司广泛应用这种技术及其带来的工作流程？

AG：想打败 AutoCAD 的效率是非常困难的——市场上没有足够多的熟练用户支持这种需求。我认为在很大程度上，公司都是非常保守和厌恶风险的，特别是在过去的五到七年里。在超越"高效 CAD"并进行创新方面没有市场的需求——不过我认为需求就要来了。行业的竞争要求公司寻找拓展和升级服务的方法以维持生存。

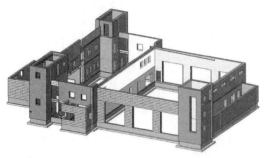

图 2.30　朴茨茅斯 2 号消防站，建筑围墙模型（© Winter Street Architect）

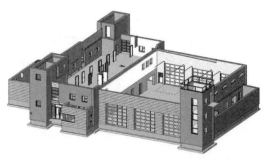

图 2.31　朴茨茅斯 2 号消防站，带门窗的建筑围合体模型（© Winter Street Architect）

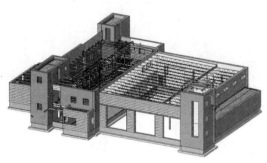

图 2.32　朴茨茅斯 2 号消防站，结构模型（© Winter Street Architect）

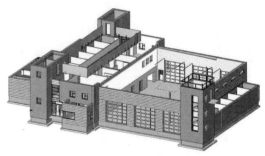

图 2.33　朴茨茅斯 2 号消防站，带内墙的模型（© Winter Street Architect）

成功应用 BIM 需要改变未来使用者的态度和思维方式。而这不同于支持新技术所需的最新软件和硬件，设计专业人员可以完全控制。你是否同意？

AG：我同意它需要面对挑战和"找到更佳方式"的态度和思维方式。Revit 指南和 BIM 项目流程不像传统方式那样有全面的论述——所以团队成员要主动快速学习，研究并找到问题的答案。我常以诙谐的方式说，一个新的 Revit 使用者每 20 到 30 秒就会冒出一个问题，而如果没有人坐在旁边回答这些"微小问题"的话，那么他就不会成为熟练的使用者，也就不会像以前使用 CAD 那样高效地工作。

在各方面工作后，从建筑设计，到设计 - 建造，到施工，再到经营自己的咨询公司，用 BIM 工作的哪个方面是你最喜欢的？有没有一方理解而另一方没有理解的情况？

AG：真是个好问题。这是会随时间变化的。问题在于谁从模型的信息中得到了最大的价值。建筑设计公司对模型的使用只发挥了有限的功能——更高效地制作他们一直在画的老式图纸。我认为这是太局限的价值方案。至少在我接触过的建筑设计公司中，我认为他们并没有完全理解，因为它最终会改变交付的成果。改变最终向业主交付项目的方式——不再是一套图纸。它会有更多分析，更重视使用模型中的信息作为整体支撑和提

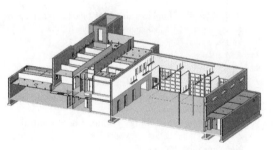

图 2.34　朴茨茅斯 2 号消防站，带天花和灯具的模型（© Winter Street Architect）

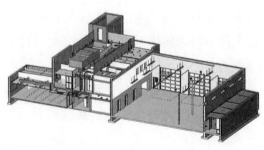

图 2.35　朴茨茅斯 2 号消防站，家具模型（© Winter Street Architect）

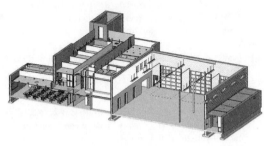

图 2.36　朴茨茅斯 2 号消防站，机电模型（© Winter Street Architect）

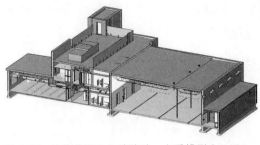

图 2.37　朴茨茅斯 2 号消防站，水暖模型（© Winter Street Architect）

升业主的项目。从可持续性的角度来看，这不是请一个顾问就能给你答案的。而是真的要用设计在早期阶段考查备选概念和方案，并辅以设计和审美之外的方法对其进行评估。

承包商最能理解，因为他们的工作与我们能从模型中得到的实施性、序列、进度、成本和数量方面的信息联系最紧密。目前其中很多都是唾手可得的——简单问题。复杂的问题是原型设计、形态分析、能耗分析和生命周期成本。在现有模型上工作、提取数据并将其用于成本和进度、实施性的支撑，我认为是完全可以实现的。

关于 BIM 或整合项目设计，你还有其他想法或经验要分享吗？

AG：经验是我一直推崇的成功之友。我最近出席的一个项目 MEP 协调会议就

是一个很好的例子。一个大型医院项目的八九个分包商出席了会议，他们全用 BIM 来协调工作。一位来自 GC 的工程师在投影设备上用 Navisworks 的项目文件来领导团队。这种技术使人印象深刻，清楚地展示出其他方法不能看到的冲突和问题。不过有一个问题——没有人做笔记，没有人分配职责，没有日程安排。事实上，没有

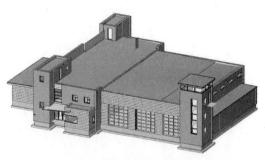

图 2.38　朴茨茅斯 2 号消防站，带围墙和屋顶的建筑模型（© Winter Street Architect）

人主持会议。这位 GC 的年轻工程师之所以主持是因为他懂得 Navisworks 而且技术过硬——但他不懂怎么主持协调会议。在基本层面上，这位 GC 工程师仍需主持会议的能力，明确行动环节，跟踪职责——去做在传统桌面会议中前辈要做的一切工作。单凭技术只能做到这一步。在我看来，我们正在用项目体验、以协同的方式建造建筑的真正知识，取代走向失败的"技术使用者"。

注释：

1. Don Koberg 与 Jim Bagnall, The Universal Traveler（William Kaufmann, 1976）, 80-93.
2. Lachmi Khemlani, "BIM Symposium at the University of Minnesota," 2006 年 2 月 15 日, www.aecbytes.com/buildingthefuture/2006/BIM_Symposium.html
3. "Why BIM Implementation Goes Wrong," 2009 年 8 月 1 日 . /www.bimjournal.com/category/issue-07/.
4. Craig C. Kuriger, "Workplace Change and Worker Fears," 2006 年 7-8 月 . www.bnet.com.
5. Rick Rundell, "Implementing BIM, Part 2: Planning for Process and Staffing Changes," Cadalyst（2004）.
6. 同上
7. Aaron Greven，作者访谈，2009 年 8 月 25 日 .
8. 同上
9. "Optimising your BIM Implementation," 2009 年 8 月 1 日 . www.bimjournal.com/2009/08/optimising-your-bimimplementation/.
10. Tim Rice and Art Haug, "Managing Submittals," 2007 年 12 月 27 日, www.aecbytes.com/feature/2007/ManagingSubmittals.html.
11. James A. Walbridge, "BIM in the Architect-Led Design-Build Studio," 2007 年 10 月 2 日 . www.aia.org/akr/Resources/Documents/AIAP037644.
12. Cadalyst 员 工，"With BIM, Practice Makes Perfect," 2008 年 7 月 24 日 . www.cadalyst.com/aec/with-bim-practicemakes-perfect-3748.
13. 同上
14. Joann Gonchar, "Diving Into BIM," Architectural Record（2009 年 12 月）.
15. Jim Collins, Good to Great（ 纽 约 : HarperBusiness, 2001）, 47.
16. Brandt R. Karstens, "Do You Do BIM? Part 2," Cadalyst（2006 年 6 月 6 日 ）. www.cadalyst.com/management/quotdo-you-do-bim-part-2-5617.
17. 同上
18. Rick Rundell, ""Implementing BIM, Part 3: Staff Training," Cadalyst（2005 年 1 月 15 日 ）. www.cadalyst.com/aec/implementing-bim-part-3-stafftraining-2920.

第 3 章

什么人用 BIM 工作，什么人不用？

图 3.1 幕墙面板——造型源于海藤壶。(资料来源：Zach Kron, www.buildz.info)

几乎每天都有招聘 BIM 建模师、BIM 管理员、BIM 协调员和 BIM 操作员的新消息。这些铺天盖地的 BIM 职位仅仅反映了当前行业从 CAD 到 BIM 的过渡状态，还是体现出 BIM 与 CAD 相关岗位之间的真实区别呢？

BIM 的岗位和职责

在整个行业中，谁在使用 BIM ？

首先，最重要的是要认识到，BIM 无论作为工具、技术还是过程，对每个使用者来说都是不同的东西。

谁在用 BIM 工作，谁不用？

过去，实习生和新员工的工作有时被描述为一系列琐碎的二维图形工作。尽管仍有一部分刚毕业的新员工有时也被分配去做单调的创建对象和族库的 BIM 工作，但大多数人通过使用 BIM 工作，得到了前辈们往往在职业生涯后期才有的机会。

64   根据莫里斯建筑事务所 Lauren Stassi 的说法：

> BIM 能让实习生比在二维环境中更早看到项目的协调过程。通过同时绘制平面图、剖面图和立面图，实习生和整个项目团队都可以了解到建筑是如何建成的。由于实习生通常会成为团队中最熟练的三位建模成员，他们也最有可能在建模过程中发现未解决的问题。BIM 让实习生有机会看到问题，并学会如何比用二维图纸更早地解决这些问题。实习生对建筑系统知识掌握得越多，就越能胜任这种新的工作[1]（图 3.2）。

Stassi 补充说，

> 对于 BIM，实习生在独立完成任务之前有很长的学习过程，因为红线不再是简单的移动或者修剪。实习生需要理解软件，以确定是否要调整对象的位置或者类型才能"删除一条线"。他们需要问自己和团队成员，编辑某一个对象会产生什么影响？是否整个项目中该类的所有对象都会改变？假如对象调整了，是否在模型中会出现缺失？是否有必要在该位置建模，但在平面图中的显示需要调整？因为很多图纸都与所建模型有关，实习生就需要不只迅速提高他们的软件和建筑技术设计的能力，才能完成原来简单的"红线"工作。[2]

65

BIM 时代的工作岗位和描述

以前，根据不同的专业领域明确划分岗位。建筑师在通过注册或职业资格考试之后将在这些领域中发展。通常在较大的公司中，建筑师会在有限的方向上选择细分。而在那些较小的

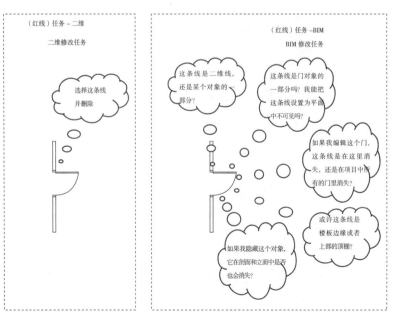

图 3.2 二维与三维修改任务：可能是 CAD 和 BIM 工作区别最清晰的体现（©2009，Morris 建筑事务所）

声学设计师 建筑师 代理律师 视听顾问 BIM 管理员 建筑监理 建筑维护工人 建筑研究员 商业开发者 家具工 木工 城市规划师 客户 业主 客户代表 客户相关方 规范联络员 顾问 规范审核员 社区代表用户 保护师 施工合同员 施工经理 承包商 文字编审 预算师 发展商 草图员 作者 评论员 电气师 节能顾问 工程师 声学工程师 土木工程师 电气工程师 环境工程师 机械工程师 机电工程师 水暖工程师 产品工程师 流程工程师 结构工程师 交通环境顾问 估算师 展览设计师 督办 设施经理 设施策划顾问 家具、固件设施与设备承包商 金融服务 领班 家具设计师 议价员 岩土工程顾问 平面设计师 历史保护师 住宅设计师 插画师 工业设计师 保险债券代理 监理 建筑内部装饰师 室内设计师 IT 顾问 记者 厨卫设计师 土地调研员 景观建筑师 室内建筑师 律师 借款人 灯光设计师 经理 制造商 营销客户关系 材料科学家 材料测试顾问 金属制造工 建模员 建模员 模型管理员 新闻报道员 业主客户 业主停车顾问 摄影师 平面检查员 产品设计师 产品供应商 教授 程序员建设 项目经理 公共关系 宣传人房地产经纪人 康复顾问 社区代表 业主客户代表 建筑产品代表 销售员 安全顾问 标志空间设计师 舞台设计师 石匠 学生调研员 教师 交通规划师 城市规划师 项目用户 销售商

图 3.3　复杂性：现今通常参与施工项目的诸多领域人员。（资料来源：Ryan Schultz）

公司中，建筑师则要扮演多重角色，因此即便他们有个头衔也往往只是个形式。（图 3.3）

较大公司的职位主要由几部分构成（MAD）：项目经理（M）、项目建筑师（A）和项目设计师（D）。

由于 BIM 及整合设计的出现，人们熟悉的 SD、DD 等项目阶段被取代，以前的岗位和职责也都被取代。

> BIM 的过程也模糊了管理员、技术员和设计师之间的区别。艾伯塔省的 HIP 公司主创建筑师 Allan Partridge 在 BIM 全面实施的第四年时说："传统的层级式岗位被分解得更细，使每一个团队成员都变得很重要。"他补充说："技术专家将更早参与到工作流程中。"[3]

关于 BIM 和建筑师的身份，建筑师正慢慢被称为"设计师"（或与其他设计师混为一谈）——室内设计师、产品设计师、结构工程师（工程师则没有明确提出来）——并因此常常感到被人冒犯，担心自己的职业地位。就好像他们一觉醒来发现自己的特殊地位没有了，而是与他人平起平坐——比如

一同用 PowerPoint 展示图表。这已经成为建筑师担忧的问题，给他们带来了威胁，让他们不得不去证明自己的与众不同及其创造的价值。从实施 BIM 的目的和紧迫性来看，这种来自他人对建筑师的刺激正是亟需的。

IT 管理员、CAD 管理员、BIM 管理员

行业的转变已经发生。当初由建筑师负责管理客户、流程、进度、预算和团队。今天，我们要强调的是建筑师应转向管理分析数据的重要性。例如，有人要求用"BIM 制图"则说明他们对 BIM 基本原则缺乏理解（图 3.4）。

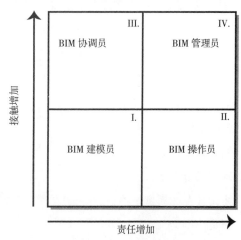

图 3.4　与 BIM 相关的职责和称谓的隐含层级

我是一个 CAD 管理员还是 BIM 管理员？

你可以说这是一种文字游戏。我是一个 CAD 管理员还是 BIM 管理员？如果你支持 AutoCAD，那就是前者；如果你支持 Revit/ArchiCAD 等，那就是后者。这些工作在操作中并没有那么不同，但有明眼人发现自己更接近高层管理，因为公司已经看到了潜在的收入。即使不是收入，也让人们对这种职位给整个成本的影响带来了新的重视。CAD 已经沦为"生产车间"一类的观念。在 BIM 及其对公司工作的目的和方式的影响下，真正具有创新精神的 CAD 管理员将迎来一个美好的未来。

目前我所见到的职位称呼是不同的，因为公司都在努力根据 BIM 确定我们的职位或任务。现在，我们说建模；过去，我们说制图或绘图。BIM 领导者或管理者的任务与他们之前的职责并不是完全不同。他们正由于本应属于公司管理内容的工作（冲突检查、设计验证）而获得认可。实际上他们因为 BIM 受到了重视。

有些公司有 CAD 项目主管，因为他们从该角度看到了监管的重要性。这些公司现在也有了基于项目的 BIM 主管，因为他们已经看到它的重要性。那些不承认或者反驳其重要性的公司在应用 BIM 时也不得不正视它。新的软件和方法实际上使企业要面对那些因为被他们忽略而带来的恶果。

这既是一种转变，也说明很多企业意识到有些事情是应该去做的。只要看到这些沉睡已久的想法最终能在个人计算机层面上实现时，就会有新的机会去发掘。

AEC Advantage，Steve Stafford 于 2010 年 8 月 20 日给笔者的电子邮件。

BIM 建模员（模型管理员）的岗位责任

BIM 模型管理员是一个被广为宣传的岗位。和 BIM 管理员不同，BIM 模型管理员：

- 从事动手的生产工作；
- 解决基础设施的需求问题；
- 制订协作计划；
- 确定细节水平；
- 协调各专业模型；
- 召集协调会；
- 协调冲突问题；
- 利用模型进行分析。

BIM 模型管理员的职位描述

BIM 模型管理员的职位描述取决于其在团体工作中的专业。建筑师的 BIM 模型管理员负责协调和管理 AE 团队的参考模型。包括建筑师、结构工程师、MEP 顾问、室内设计、土木和场地设计、景观设计和特色设计（如实验室）等模型管理员在内，每个团队（包括客户经理和业主）的模型管理员都会有自己的需求（图 3.5）。

图 3.5　同地工作是整合设计流程的一部分（资料来源：Tocci 建筑公司和 KlingStubbins）

图 3.6　有时整个整合团队在一起工作对项目是有益的（资料来源：Tocci 建筑公司和 KlingStubbins）

BIM 管理员

BIM 管理员

- 帮助专业间的协调；
- 制订 BIM 执行计划；
- 根据计划部署人员配备；
- 协调 BIM 软硬件的要求；
- 此外还有一些与 BIM 模型管理员相同的需求。
- 负责管理公司的 BIM 标准：模板、族库和 BIM 工作流程的最佳案例；
- 负责成立 BIM 部门并制定 BIM 标准和手册。

68

　　BIM 管理员通常要负责组织内部 BIM 委员会（类似公司的 CAD 委员会或者质量工作组）。同时要编辑 BIM 手册，而这也是委员会的首个任务之一。该手册能让其他员工在任务因故移交时继续未完成的建模。团队的每个成员都遵循同一套可靠的建模方法，这样交接任务时就不必担心走回头路（图 3.6）。

　　BIM 管理员能最好地确保整合设计团队完成合同中的责任和成果。理想情况下，为了保持中立，他应该是独立于该整合设计公司的顾问。

　　五年前，BIM 管理员这个岗位在业界根本没有。这个职位需要优秀的沟通技巧。通常情况下，整合施工的经理必须与各项目组成员一起工作（从施工主管到工头），这就需要各种各样的沟通技巧。BIM 管理员的工作之一就是要传播技术的福音。客观地讨论使用新技术在各方面风险／回报的能力对于 BIM 经理非常重要，也很难掌握。最困难之处在于，由于他们太熟悉这种技术，所以很难理解资深施工专家为何会质疑。

　　——Peter Rumpf，Mortenson 建设

BIM 管理员的岗位与责任

　　BIM 经理主要负责在各个项目中的不同办公地点与专业之间领导和实施 BIM 工作。

其他作用：BIM 先锋

　　美国总务管理局（GSA）的 BIM 团队　69
将其 BIM 技术的主要倡导者称为 "BIM 先锋"，由此世人皆知。Charles Matta 在与美国建筑师协会会员（FAIA）Kristine K. Falllon

讨论 GSA 在 BIM 上的成功时说，"GSA 避免了 BIM 实施中的重大错误"，即 Matta 所说的"想做太多的东西并认为 BIM 技术早已成熟"。GSA 将 BIM 的知识和领导力在所有 11 个区进行推广，而这在 Matta 看来是必不可少的。

这些"BIM 先锋"将保证，当发出 BIM 交付请求时，该机构能得到它想要的东西。[4]

公司可以采取的一个方法是在内部树立一个 BIM 先锋作为榜样，帮助用 BIM 工作的人达到新的水平，并推动技术和工作流程的进步。

访谈 3

Jack Hungerford 博士，临床和组织心理学家、专业培训和辅导顾问。由于有工程背景，现与设计专业人士和施工业其他人士合作。

今天，许多 AEC 行业的人只有在被业主逼迫或被整合设计的合同要求时才协同工作。建筑师在将来是否会主动选择协作，而不是被胁迫？

Jack Hungerford：除非对他们有很大的效益，我现在完全看不到这样的建筑师。他们为了建筑执照付出了一切，并与没有执照的建筑师一样承担风险，即使退休之后也是如此。我想这其中有许多问题。如果能证明这样能带给他们巨大的利益，或者使工作更轻松，或者能与他人共担风险，那就能行得通。这里面更多的是效益而非动机。

假如给建筑师一个机会，用整合设计平台做一个分担风险、分享回报的项目，他们的反应会是："不行！为什么要让我的利益去承担别人不犯错的风险？为什么要签署一个收益依赖于他人不会搞砸的项目？"对此你有什么建议？

JH：如果问我的建议，作为顾问委员会的一员，我会让他们对将要加入团队的每个人都进行详尽的技术和背景调查。一个完整的尽职调查：一直到他们在大学做的事。去看他们做过的其他项目、一起工作过的其他业主、合作的其他开发商和建筑师、有多少起诉讼以及前因后果是什么。如果有会扰乱团队思路和引发危险的因素，那么我在一开始就会特别留意。他们可以互相合作吗？如果每个人都能因此给别人带来好处，如果这是我得到这份工作的前提，那我会与同时进行的其他项目进行权衡并做好标记。如果我自己来做会更容易，可以签订一份明确我和其他人责任的合同，看来就不会那么头痛了。在字面上，这看起来棒极了。让所有人坐在一起，敲定所有细节，这样我们可以避免一些通常是后来才会出现的麻烦。如果大家相信每一个人，我认为其中将有巨大的优势；你可以给自己省去很多麻烦。如果我是一个开发商，我会想这样可以省下很多钱。这些人会为我省下很多钱，并且还能按照我想要的方式按时完成项目（图 3.7）。

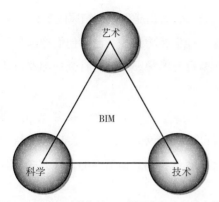

图 3.7 BIM 同建筑和施工一样是竞争文化的产物

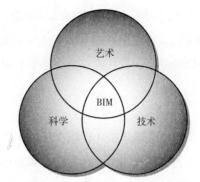

图 3.8 理想情况下，BIM 应出现在其文化叠加的完美交点上

研究表明，比起那些有长期关系但尚未使用 BIM 的顾问和工程师，建筑师很快就会与用过 BIM 的人合作。

JH：如果我最好的朋友对汽车一无所知，我会去选择一个机械师，而不是我最好的朋友。去找一个有相关工作经验的人是合理的，并且会防止我落入潜在的陷阱（图 3.8）。

有些人认为，整合设计需要"赌其他人不会搞砸"。是否有其他更有帮助、更积极的方式来看待这种情况？

JH：由于我们要协同解决这个项目的问题，作为承包商，我希望建筑师问我曾经在这种建筑上遇到什么问题。我是如何解决的？我做了些什么？作为建筑师，即使我可能有很多年各种各样的经验，但承包商在某一类的项目上可能有更多经验。我想知道他们要解决的问题，哪些没有得到解决，他不希望哪些人加入这种项目。

整合设计一定是双赢的。不管谁离开，认为这不会成功……都有可能毁掉整个项目。

——Jack Hungerford 博士

IPD 在本质上是一种合同关系，而整合设计是分享信息、共享风险与报酬、完全透明、互相信任、并朝着一个共同结果协同合作的态度、思维方式或精神。像态度、思维方式或精神这些词在你的期望中有意义么？如果有，意义是什么？

JH：没有多少。你刚才的描述，在我的脑海中就是大家手牵手唱童子军歌"Kumbaya"之后把一切都搞定的画面。现在，我不得不承认，在加州我有几次帮助伙伴谈生意时，在开始之前我要带他们做深呼吸，让他们达到同一个节奏并放轻，而且还要请律师回避。这就减轻了压力，缓和了气氛，让每个人都达到最具创意的状态，从而真的为双赢努力。整合设计必须双赢。不管谁离开团队并认为这不会成功，或者觉得搞砸了，都将有可能毁掉整个项目（图 3.9）。

你认为在 AEC 行业工作的人在资金、商业和学习新技术方面是保守、怕风险的么？

JH：建筑师以及在建筑领域工作的人都厌恶风险。他们极力保护自己；他们像医生一样顶着诉讼的危险。仅凭这一点，他们就必须保守，甚至自我保护。因为时时刻刻都有可能终结自己的事业。

建筑信息模型（BIM）要求设计专业人员在三维环境下设计和工作，与 CAD 和手绘的工作和思维方式完全不同。你对于在事业中后期学习像 BIM 这样与之前习惯的工作方式完全不同的新技术的人是什么印象？

JH：这很大程度上是由专业人员所在公司的规模大小决定的。如果是大公司，就会有长期培训，以及鼓励参加研讨会、走在时代前沿的机制。有些人的看法是不学习就会被淘汰，还有人说："我只想进入管理层。我不必知道所有的技术！我需要的就是懂技术的新手。我会管理他们。我做项目经理。我会呼风唤雨，让年轻人去做牛做马。"在他们看来，学习技术、了解所有软件是一个很大的麻烦。而事实上，很多现在五六十岁的建筑师在四十多岁时还在用 CAD。我的第一个 CAD 手册有 1200 页。那是如此可怕，画两条相交的线要按键 42 次，以致这些专业人员表示他们绝不会学 CAD。之后 CAD 虽然变得更加友好，但许多人还是因为体验差而放弃了，并捡起了纸和笔。这不是年龄的问题。与我共事的一位六十岁的建筑师在遇到新技术时还是非常敏感的。假如我们比较一下对这种技术保持关注的教授和学生人数会非常有趣。比如，在伊利诺伊州文内卡特的新特里尔高中，那里有建筑公司都少有的建筑软件和设备（图 3.10）。

图 3.9 掌握技术与流程应该是每一个项目参与者的目标

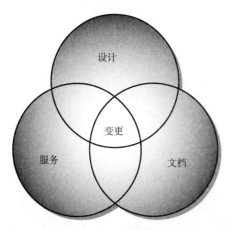

图 3.10 所有设计专业人员都会带来变更。如今这种变更出现在前所未有的巨大产业转型中

建筑师与承包商历来存在敌对关系。BIM 72 和整合设计不仅要求他们合作，而且还要从第一天开始就和整个团队一起工作。怎样才能让他们和谐相处？

JH：无论在工作中处于什么位置，最终的问题都是"这对我有什么好处？"如果这是一个必要条件、成交的定音锤、赢得项目的唯一途径，即使商业的成功会带来痛苦，那我也不得不学习如何使用。对于一些人来说，这将是一个巨大的机会：这是未来的潮流。我从最底层开始，能真正学到一些东西，并将成为我在这个项目之后推广的范例。是的，真的有一些实际的好处。对于那些因为（共担的）风险拒绝与整合设计团队合作的建筑师，我想说我最初当建造师拿了总面积 7% 的费用，其中还包括施工管理服务。那真的能让建筑师获得收入和专业知识。

就建筑师和承包商来说，他们的需要是否不同——课程、教育、文化或是更务实的东西？

JH：是体验。当我还是一个承包商的时候，有三个与我长期合作的建筑师，我知道他们很照顾我。如果他们设计搞砸了，我知道我们可以搞定。他们知道我不会给他们麻烦，所以他们很愿意与我合作。这是一种互相尊重互相信任的局面。我们会双赢。在大型项目中，总承包商不仅带来了分包商，还带来了其他的承包商，这样就变得很复杂。我不了解这家伙——为什么要相信他？这是人的本性，同时建筑师知道这是性命攸关的，所以一开始就做了尽职调查。三个月后，当她意识到和一群白痴签了合同该怎么办？她的出路在哪里（图 3.11）？

大多数情况下，看起来都是建筑师在发脾气、摔椅子。对于不愿与承包商在整合团队中合作的建筑师，你的看法是什么？

JH：他不属于这里——他需要成为在一旁单干的人，做自己的事，与所有重大项目无关，因为整合设计是未来的潮流。要么学习，要么退出。假如有人来问我这个问题，我会让他尽可能把项目分解成许多可执行的部分，考虑他们的风险和担忧，并列出达到这一目标所需的全部事务清单，使他与整合设计团队一同前进。在团队其他人眼中，这可能是有些强迫性，但事实上这就是我们实现目标的方式。它将保证所有人的安全。

73　　在电影《弗兰克·盖里草图》中，观众看到建筑师与他的私人顾问 Milton Wexler 在讨论专业问题，而 Milton 多年间也为其他建筑师服务。对于与专业设计人员有专业合作的人，哪些反复出现在建筑师和设计专业人员身上的问题能帮助他们成功接受并采用 BIM 和整合设计？

JH：与我共事的最有问题的建筑师不认为自己是建筑师。他们自诩为艺术家。把自己的工作看成习得技能并具有一定创造性的建筑师都很合群，并能够根据整合协议进行修订和深化细节。但艺术家就是艺术家：这是我的创意，而且绝不动摇。对待这样的人怎么办？

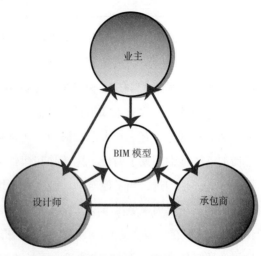

图 3.11　身份的问题：建筑师在哪里？

图 3.12 BIM 环境下高级管理者的角色。在项目工作外，怎样最好地利用一个人中后期的职业生涯？最好是让职业生涯中期的专业人士不断把自己看作新人。

你会问，这里面的利弊是什么？你会问他们，怎么在这个新的环境中给自己定位？你怎样推出自己而不放弃任何理想，然后去做好工作中的一切并且让自己觉得舒服？当我在监狱工作时，监狱长是一个出色的管理员，更是一个好人。我是他的助手。这时有两个部门的负责人想要在一个项目上做两件完全不同的事。他听了每个人的观点，问为什么两个方案会失败，然后做了一个决定，对一个说：好，你来做，你要支持他。当他们离开后我问监狱长，你为什么不从中调和一下？监狱长说：因为这样就会彻底搞砸了。两个人都不会投入。而这样一来，一个人负责，另一个人辅助。这种方法的确成功了！这绝对是一个好办法。

那么，目标是什么？证明自己是一名伟大的艺术家？一个伟大的建筑师？完成一个项目，然后再做下一个？我在辅导中会说，知道什么是想要的结果，这一点很重要。大功告成是哪天？失败会是什么样子的呢？真正聪明的人会告诉你，无所谓失败——只有结果。结果可能不是你想要的，但是我们会去做这件事。我建议所有专业设计人员上网去做免费 Myers-Briggs 评估，了解他们是什么类型的人。再用 Google 去查这四个词的结果，看他们适合什么。我还没有看到错误的结果。当我在麦肯锡做咨询时，要问求职者两个问题：紧迫感和处理模糊问题的方式。就是这些（图 3.12）。

与我共事中，最有问题的建筑师不认为自己是建筑师。他们自诩为艺术家。

——Jack Hungerford 博士

在整合团队中工作给所有参与人都带了许多挑战。那些专业的文书（包括合同）都只是在说团队需要分担、信任、尊重等，但是没有任何关于如何去做的提示。你对于设计专业人员，比建筑师，在面对"信任"、分享信息（透明）、共享挑战与奖励的挑战上有什么建议吗？

JH：事实上，没有人知道该怎么做，不是么？你要控制好自我意识。有了它你就不能成为团队的一部分。有一句古老的谚语：建筑师主修建筑学，辅修傲慢。你要了解建筑师必须经历的——他们积累了傲慢。建筑师和律师、医生这三大职业的从业者是我帮助改变职业生涯最多的。他们过去当了建筑师，现在我帮助他们转业。但今天的情况可能不大一样了，因为在校的孩子要面对更多事实，尤其是 BIM 被纳入课程后。这些孩子以为他们能建成这样宏伟的建筑，但在许多情况下，最后是为郊区住房做扩建。所以要控制自我意识，集中在目标上。这里的目标是尽可能好的完成项目。不是让我或让你成为合适的人，而是关注这个项目。

如果他们不感到焦虑，我会很担心。因为建筑师往往都太可靠，焦虑是一种健康的反应，是绝对必要的。

——Jack Hungerford 博士

在 BIM 和整合设计的进程中，建筑师的角色在很大程度上仍然不确定、不明确。你希望建筑师因此焦虑吗？这种焦虑是自然的吗？

JH：必须是的。如果他们不焦虑，我会担心，因为建筑师实在是太可靠了。焦虑是一种健康的反应，这是绝对必要的。安迪·格罗夫说：只有偏执狂才能生存。

今天，在会议、研讨会和出版物中，"建筑师"一职很大程度上被"设计师"取代了。当听到这个观点时，建筑师很生气，他们不清楚自己是否被边缘化了，甚至在整个过程中都不被需要了。根据他们的情绪反应，这似乎影响甚至打击了他们的内心。你觉得专业的身份／头衔／职位对他们有多么重要？这种情况下的设计人员会有怎样的灵活性？

JH：建筑师的称谓和职位对他们是非常重要的。这是他们身份的重要组成部分。他们不是做建筑的，而是建筑师。这是他们的事。事实上，只有把它当成自己的事才能擅长它。那么，它完全界定了你的领域吗？不幸的是，对于他们中的一部分人是这样的。如此一来，当资质没有他们多的人踏进他们的领域时，就会对他们造成伤害——因为他们好不容易才来到这里。有些闯入者很少有或者根本没有经验、学位、资质，也称自己为设计师。考虑到这种情况，我可以理解建筑师维护头衔和身份的原因，只要不到傲慢的程度——他们必须控制自我意识。他们怎样与人健康地交往？我帮助建筑师处理客户或者承包商的关系的头一句话是："帮我理解。"人都是愿意帮助的。但是"你错了！""那肯定不行！"这些话只会带来争斗。"帮我理解你是如何作出这个决定的。""帮我理解这怎么能奏效。"很多团队都需要一个协调者，但不幸的是现在更像一件条纹衫和一个哨子（图 3.13）！

能同时处理好模糊性与灵活性被视为建筑师的两种能力。BIM 软件被许多人认为是很不灵活的，而整合设计流程的要求又是由决策推动的、基于实据的、快节奏的和线性的。这是否要求建筑师重新定位？

JH：是的。他们一开始必须放弃一些做法，才能找到与这些人合作的道路。如果幸运的话，作为一名建筑师，只要改变需要的东西。他们需要充分的依据，

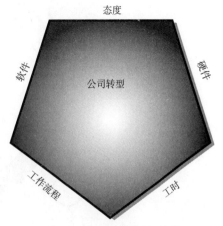

图 3.13　BIM 带来的公司转型

而不能只"凭直觉认为就要这样"。给我看数据。如果我们要试验，那就去试。要是工程师进入这个领域，就会走到房间里，坐在这个椅子上，告诉我到底出了什么问题，要改什么，然后说："但我不知道怎么改。"这时我就会像白痴一样，双脚跳起来说："让我告诉你怎么办！" Pert 图、关键路径图，试试这种类型的图！我们都有这种图表——试试它！不管用？再试一个。这不是"怎么办"的问题。"怎么办"只占 10%。90% 是"为什么？"对于一个建筑师，只要理由足够充分，他们就会改变。除非他们感到受伤、压抑、愤怒、难过、失望，否则就没有改变的动力。人们通常在再也不能忍受他们的生活方式时改变，建筑师没有什么不同。当建筑师再不能以原有的方式工作并意识到他们必须改变时，他们就会去改变。他们没有选择。当理由足够充分时，他们就会改变。

建筑师大多性格内向，他们必须在所有 BIM 和整合设计项目中与其他人随时沟通协作。你认为这对建筑师来说有什么样的挑战。你有什么建议？

　　JH：我的经验是，内向的建筑师并不是独立的。他们在为别人工作。外向的都是那些呼风唤雨的人。他们有大公司，是最成功的公司。其他人都在等客户迈进自己的门。我合作的建筑师都很外向（图 3.14）。

BIM 和它带来的协同工作流程出现后，建筑师要学习很多东西。建筑师要真的去合作，长久以来的不良习惯必须要摒弃。建筑师要抛弃影响与他人高效合作并成功完成工作的习惯，对于这种能力你的看法是什么？

　　JH：除非因改变而带来的痛苦没有因不变而带来的恐惧强烈，否则建筑师是不会改变的。不是说"这对你有好处。"我将和你在这个问题上争论到底。我在职业初期作为一个心理学家，

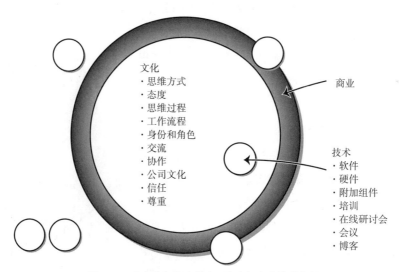

图 3.14　由商业和技术作为团队内部变化的催化剂

以痛苦的经验学到了这一点。人不会因为有好处而改变。人也不是为他人改变的。我后来开
始欣赏所谓的"负面"感受。我需要这些。这就是杠杆作用。现在我们要改变。这都是认知　76
行为治疗的一部分。它们都是可以量化的，让人一眼看出结果。

关于上述问题和情形，有什么和网球类似的想法吗？

JH：如果我想要最好的双打搭档，那我一定要不断和他进步，在他犯错时和他一起大笑。
和他说："嘿，这很酷！"以及"我们会接到下一个球，走吧。"如果认为我是一个不错的双
打搭档，那不是因为我打得更好，而是因为我可以走进搭档的心，给他一个愉快的时光。如
果他感觉很好，就会带来一场伟大的网球比赛。建筑师和他的团队也是这样。如果我们有一
个愉快的时光，我很喜欢作为一名建筑师与你合作，这对我帮助极大。建立社会关系就没有
什么不寻常了。与配偶约会很有帮助，这甚至是尽职调查的一部分。我们聘请主管级别的任
何人时，没有不和他们配偶共进晚餐的。因为没有支持是行不通的。

访谈 4

Kristine K. Fallon，任职于 FAIA，Kristine Fallon 事务所，是将信息技术用于建筑、工程和
设施管理，并帮助 AEC 公司、政府以及企业设施集团评估和应用技术系统的先锋。

**在《AEC 生存指南》中，你写了三类采用新技术的障碍：技术障碍、组织障碍和缺乏理解。
你是否认为这也是广泛应用 BIM 及其带来的整合设计的障碍？**

KF：这些障碍是绝对相同的。它们和我在 2007 年为美国国家标准和技术研究所（NIST）
做的关于 AEC 行业信息交换的课题研究几乎完全一样。它们是：（1）商业问题（商业及组织
障碍）（2）期望和变化管理（社会学要素）（3）新技术和技术基础设施不足（技术要素）。

你是否认为这些要素有一个层次？

KF：有相当多的社会学内容，但我认为最主要的是缺乏理解。建筑有了可计算的描述，
就会让我们以截然不同的方式处理问题。这是一种模式，一种架构，我们完全不熟悉，并且
人们不去接受、掌握或者理解它。这甚至是我在那些为此做了很多工作的人身上看到的。我
在对其真正工作机制的理解与有效运行所需的条件之间看到了巨大的差距。为了有效运转，
就必须让两个领域联手：一是知道怎么给建筑可计算的描述、怎么编码并进行映射的人，二
是了解施工业运作的人。负责技术的人不一定了解这个行业关系的微妙之处，而这也不是能　77
草率地重新定义的。清楚（施工）责任的人没有头绪，也不想知道成功规定技术要素所需的
工作（图 3.15）。

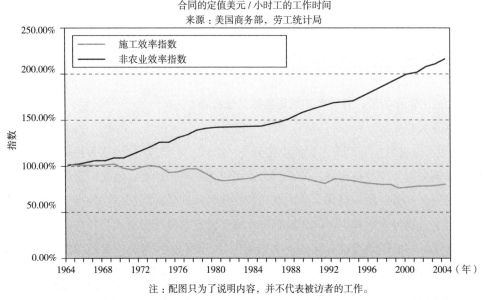

图 3.15　施工效率指数。图表提供：Paul Teicholz，斯坦福大学综合设施工程中心创始董事

　　当我年轻时在 SOM 工作的时候，真的没有为建筑服务的计算机。像 Fazlur Kahn 和 Bruce Graham 这样的人强烈支持我们使用计算机技术，因为他们认为这是成为一名伟大的设计师和工程师所必需的。但那已经一去不复返了。设计专业人员如今对掌握这些东西并刨根问底几乎不感兴趣，也不会去想如何利用技术、改进技术，使之更好地为我们服务。这些被丢给了做软件的人，而他们并不清楚需要做什么。

　　设计专业人员如今对掌握这些东西并刨根问底几乎不感兴趣，也不会去想如何利用技术、改进技术，使之更好地为我们服务。这些被丢给了做软件的人，而他们并不清楚需要做什么。

—— Kristine K. Fallon，FAIA

　　你在书的总结中说："种子在三十年前就已播下。这个行业正处在培育期。坚持这个愿景和使命，我们就会获得丰收。信息革命正在进行之中。没有回头路可走。变化正影响着每一个经济领域。会有大赢家，也会有大输家，但没有什么行业会不变。AEC 行业能否在 21 世纪蓬勃发展，取决于能否使用这些信息技术提高全行业的效率和创新能力。"这个总结就像是昨天写下的。你参考了中西部的情况。中西部地区的工作相比东西海岸，你觉得有哪些优势和劣势？

　　KF：在我的职业生涯开始时，SOM 芝加哥公司是在建筑和工程方面应用技术的绝对领导者。我职业生涯前六七年的经验对我来说是非常可贵的。除此之外就没有了。对于设计分析，或者智能建筑模型（Intelligent Building Modeling），中西部也不是特别落后。比如我们有 Thornton Tomasetti 的 Joe Burns（图 3.16）。

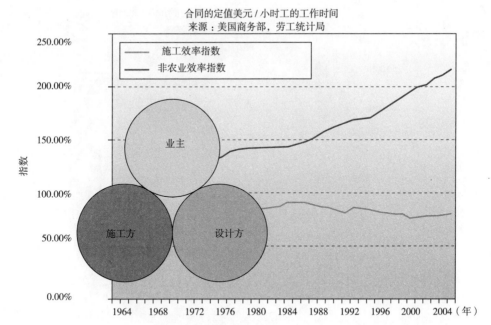

图 3.16　业主 / 施工方 / 设计方效率指数（资料来源：Sam Spata，建筑师、美国建筑师协会会员、LEED 认证专家 ® AP BD+C）

建筑师经常问 BIM 能否带来回报。你似乎并没有这样的问题。最近的新闻报道称："在高度竞争、基于资质的采购背景下，美国总务管理局（GSA）奖给 Kristine Fallon 事务所团队 3000 万美元的 GSA 全国范围无限期不定量供货合同（IDIQ）。"这是怎么回事呢？

KF：在招标之前，我们已经为 GSA 工作过。它不是一个很大的、可怕的联邦机构。我们十分明确他们的目标，并且为他们做过很好的工作。他们为小型企业设置了少量的小型奖项。我对他们的需求和方式有自己的认识。GSA 是一个非常复杂的组织，但我知道他们 BIM 项目背后的动机。我依据他们所需的专业技能汇集了合适的资源，并介绍了一个有一定信誉的团队。最令我惊讶的是竞争者的数量，直到获奖后我才知道有多少。

GSA 是否认为 BIM 主要是一个技术工具，还是也知道它是一个工作流程？ GSA 对整合设计的理解如何？

KF：GSA 是一个庞大的组织。对于任何超过 300 万美元的项目，他们都必须要做初步设计，得到估算成本，然后争取国会拨款。这样很难使所有人在一起。他们在我们所说的流程或整体设计方面有很大的局限性。中央办公室，即 BIM 项目的发起者，对各个区域的工作几乎没有控制权。每个区域的组织方式都完全不同。GSA 的 Charles Matta 是 FAIA、联邦建筑和现代化部门主任，他一直关注商务上的挑战。他们正在寻找用人更少、质量更高并可重复的方法。他们正在探索自动化的道路（图 3.17）。

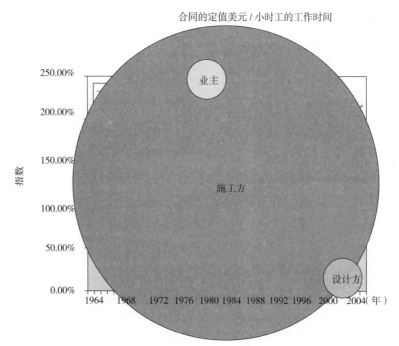

合同的定值美元 / 小时工的工作时间

图 3.17 业主 / 施工方 / 设计方效率指数（资料来源：Sam Spata，建筑师，美国建筑师学会会员，LEED 认证专家 ® AP BD+C）

对不了解你工作的人，你如何解释你的工作内容？

KF：我们提供信息技术咨询以及设计施工相关服务。

KFA 自从 20 世纪 90 年代初就一直追随 BIM 技术的发展。鉴于你与初期 BIM 的紧密联系，你是否对它过了这么久才流行起来感到惊讶？

KF：我总会对这件事要花这么久才流行起来而惊讶。关于未来要发生的事情，我一直是对的——只是在哪个十年中发生大错特错了！最大的错误是大家都认为我们所做的不是很复杂。

我不认为有哪个行业能与设计和建造业的组织一样复杂。就职责和遵循设计意图的要求而言，建筑师无法改变手段和方法——因为这是非常复杂的交互。信息请求（RFI）是世界上最复杂的事情。外行人看来会说这仅仅是一种提问和回答。但不是的。这可以是一种主张、变更指令、超成本、进度延迟！因此，人们将这种复杂问题内部消化了，所以没有意识到它的存在。他们在头脑中计算着所有的开支平衡。专业监管是各州独立进行的——设想改变一下这种状况会怎样！还有很多小公司也在采用这种规则。有些人希望看到 AEC 行业的整合，这样就可以更有效地工作。我不相信解决办法会是把所有人都整合到一个庞大的交付项目中。这比汽车行业要复杂得多。即使是重复的建筑类型，也要考虑当地的规范和独特的场地条件。

我总会对这件事要花这么久才流行起来而惊讶。关于未来要发生的事情，我一直是对的——只是在哪个十年中发生大错特错了！

——Kristine K. Fallon, FAIA

如果你发现自己正在与不同类型的受众 / 客户工作时，你将如何调整?

KF：在很长的一段时间里，我一直说技术并不只是技术。它是要取得商业成果的。我总是先从这些问题开始：你想解决什么问题？你想获得怎样的竞争优势或效益？你总是要与本行业的其他人一起工作。如果你提出的技术策略帮了你的忙，但给其他人带来了大问题或者额外的工作或责任，那就不大可能被接受。我们帮助客户制定在这方面可行的、能实施的双赢策略。这是我们轻而易举的事。我们发现很少有顾问能做到有预见性和持续性。这就是我们雇佣的大多数人都有建筑和设计背景的原因——能像我们的客户一样思考，能看到全局，而不会沉溺于技术的体验（图 3.18）。

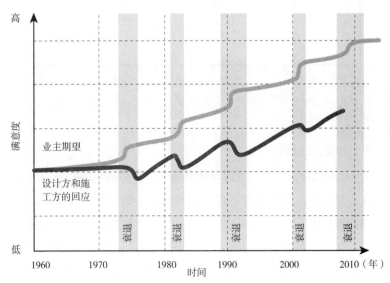

图 3.18 业主的期望；设计方和施工方的回应（资料来源：Sam Spata，建筑师、美国建筑师协会会员、LEED 认证专家® AP BD+C）

相对于设计专业人员和其他人，快速有效地应用和实施了 BIM 的承包商，你有什么看法?

KF：我对此有几个看法。一是有些属于大肆市场宣传。二是他们有点过于草率。对于协调工作来说，建立一个计算机模型比全部建起来后发现有问题更省钱！根据建筑类型不同，图纸 100% 准确的可能性有多少？是的，这需要前期投入——但还是便宜得多。Walsh 对 81 Sherman 医院项目的评价是什么？工作站中的 12 个人调动了工地的 550 人。关于项目的一个新发现就是——第一周的协调工作的费用比一年半的建模和协调工作还要多。

你和你的企业现在关心的头号问题是什么？

KF：走在技术曲线的前缘。我们努力领先于同行业的其他人。但这并没有真正的实施路线图。我担心我们能否在市场对技术的需求扩大之前就能找到好的技术方向，并迅速学习、掌握这些技术。我有一个极为广阔的国际关系网。很多前沿的东西并没有公开——还埋藏在人们的头脑中或别的地方。没有可以通过谷歌找到的东西。所以就必须去请人。这就是我在众多机构中活跃的原因。这一点以及保持人们的联系，是我职业生涯很早就养成的一个习惯（图 3.19）。

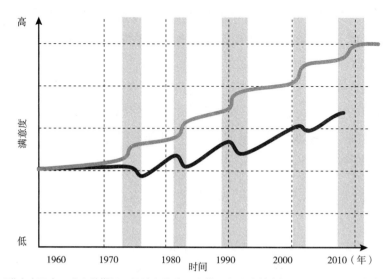

图 3.19　时间 / 满意度图表：业主的期望；设计方和施工方的回应（资料来源：Sam Spata，建筑师、美国建筑师协会会员、LEED 认证专家 ® AP BD+C）

你认为建筑行业首要关注的是什么？

KF: 建筑公司很有可能会消失。我听说现在英格兰大多数建筑师在为承包商工作。这样的话，为什么还要有建筑公司？建筑公司的作用是什么？建筑师具备的培训、技术、能力和素质是工程师和承包商没有的。这些技术和能力是有它们的作用的。如果能够依据建筑师的模型制作施工文件——在建筑师尽量突出自己作用的情况下——人们就会想办法摆脱建筑公司。因为那会是愚蠢地浪费时间。人们会认为建筑公司完全没有添加价值。你想要的是能在团队中拿出创意和解决问题的建筑师。但是，你需要建筑公司做什么呢？

建筑公司很有可能会消失。

——Kristine K. Fallon, FAIA

你认为整个建造业最应关注什么？

KF：我们看到了合并的潜力——将承包商吸收到几个大公司里。虽说我支持改变，但我也喜欢行业的现状。我喜欢与不同的人、不同的性格、不同的团队一起工作。我觉得这样充满活力。

　　KFA 已经针对多个 BIM 产品编制了课程并进行了培训。对不熟悉 BIM 技术的人，你认为最好的学习方法是什么？

　　KF：BIM 的使用很容易。它比 CAD 要简单得多。BIM 的后台相当复杂，但是建筑师和工程师不再觉得有必要了解这些。我认为这种想法是错的——他们需要了解。有些公司对这项技术使用得好，是因为他们了解后台并进行了调整。理解和使用 BIM 真的很简单。我们用四到六小时进行 Revit 快速入门。在这个时间里，我们用一个乡土化的帕拉第奥式建筑做了平面图、剖面图、立面图和渲染，讨论了施工技术以及三维模型的完整性。如果从二维 CAD 开始（数）——很多人就会绞尽脑汁把 Revit 当 AutoCAD 用。它们是截然不同的，所以使用的方法也不一样。这方面有一些很好的在线教程（图 3.20）。

83

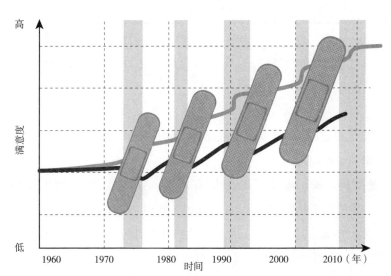

图 3.20　每次连续衰退带来的一系列 "创可贴"（资料来源：Sam Spata，建筑师、美国建筑师协会会员、LEED 认证专家 ® AP BD+C ）

　　对于与技术深度结合的行业，设计人员等有必要关注 BIM 和相关技术带来的协同工作流程和交付方法吗？还是说这些无关紧要？

　　KF：其实，它们是相当核心的问题。如果设计师在 BIM 中做了很多工作，但在最后一分钟用 AutoCAD 去改了图纸，那么 BIM 对下游工作就是无用的。它带来了更多的浪费和一些不必要的错误。因此，了解流程对于有效利用 BIM 是很重要的。

　　在建筑行业中，女性普遍没有很好的地位，至少从数量上看是这样；但建造业不是这样。在技术领域中的人数也不会很多。你是否在工作中有过因为性别带来的障碍？

　　KF：如果你问我是否为发挥自己的潜力遇到过障碍，我会说有。女性在设计和施工领域还在减少。我相信，假如我是有相同经历和智力的男性，一定会得到更多的尊重。我在开会时说的东西会被人忽略；而某些男性说同样的事情，大家却都认为是个了不起的想法（图 3.21）。

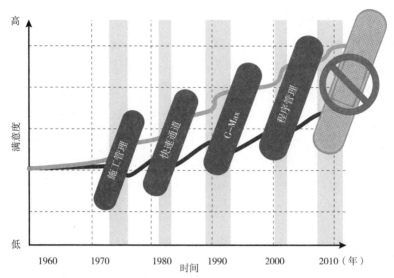

图 3.21　施工行业"创可贴"方案的终结？（资料来源：Sam Spata，建筑师、美国建筑师协会会员、LEED 认证专家® AP BD+C）

KFA 已经开发了自己的 Revit 系列产品培训。你是如何决定针对这一款软件工作，而不是其他的呢？比如 ArchiCAD。

KF：我们是顾问。我们非常关心哪里有需求。我在 20 世纪 90 年代做了很多针对 Autodesk 的工作，然后刚开始针对 Revit 的工作时（那时 Autodesk 还没收购 Revit）我们出现了一点分歧。我喜欢 Revit。1999 年，一个十个人的小软件公司 Charles River 中有人推荐我担任顾问。然后我和我的一个女同事去了那里，我们和这些人待了一天，结果被这款在试验阶段的产品震惊了。我对这个软件和这家公司的创始人印象非常深刻。在最初的产品发布之前我就与他们合作，发布产品时我也在现场。这让我们有醍醐灌顶的感觉——我们是最早见到它的人。我们鼓励人们去用 Revit——2000 年左右的时候这是有酬劳的。Revit 被 Autodesk 收购后，分歧得到了解决。现在我们可能更多地用 Navisworks 而不是 Revit。

你帮助设计公司过渡到 BIM 的过程中，以你合作过的公司来看，成功采用并实施 BIM 最大的障碍是什么？你有什么建议给那些正在考虑转向 BIM 的公司？

KF：最大的障碍是建筑师对自身是什么、应该做什么的认识。他们看到 BIM 时会说这不是建筑；这不是建筑师的工作。

不能融入这种新的商业环境，你就无法生存。我确实认为有人会想不通。如果你能想得通——建筑师该做什么——那么就会有新的问题，你必须改变所有的工作流程，重新制定标准，但这很难。如果你是一个小公司，那很容易调整方向。但如果你是 HOK 或者 SOM 这样的大公司，要做两三年的设计项目，并知道一切都会不同了——那就很可怕了。

成功转向 BIM 在多大程度上需要依靠公司文化？

KF：我把这称为态度。想转向 BIM 的公司应该有企业家精神、有魄力并积极探索更好的工作方式。如果有这种方式，他们就会去采用。对于那些在 BIM 上特别成功的公司，高管对 BIM 是如何工作的（倒不一定是在 Revit 中让墙体相交的 28 种方法）、它有何不同、意味着什么以及潜在的用途都有深刻的认识。不是 BIM 管理员在演示，而是公司的高管——因为这树立了榜样，因为他们是决策者（图 3.22）。

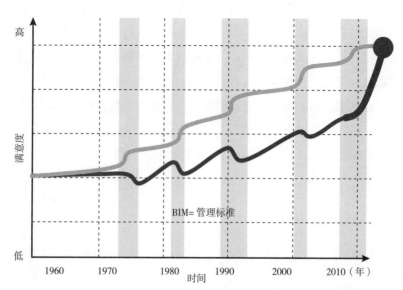

图 3.22　BIM 弥补了日益扩大的差距（资料来源：Sam Spata，建筑师、美国建筑师协会会员、LEED 认证专家® AP BD+C）

你曾写过，任何技术的应用必须有正确的产品、正确的人和正确的观念才能获得成功。什么人适合用 BIM 工作？他们一定要擅长 CAD 或者其他程序吗？需要他们有技术上的倾向性吗？还是说态度和思维方式更重要？如果是的话，你认为在 BIM 环境中工作的理想思维方式是什么？

KF：需要各种技能的组合。我们已经超越了建筑师唱独角戏的时代。我认为一个组织中有人能熟练地使用软件并帮助他人解决建模等问题是很有价值的。有些公司需要人调整程序，利用 API 实现一些特别的功能。应用程序和技术都需要策略，这是不同的。你需要对 BIM 有概念上的认识，有的人操作技术很强但没有概念上的认识。面试的时候，我不能判断应聘者是否有这个概念的认识。我知道我最为不足的一点就是无法通过面试判断这个人能否在我的团队中表现出色。

你需要对 BIM 有概念上的认识，有的人操作技术很强但没有概念上的认识。

——Kristine K. Fallon, FAIA

86 你曾写道，"BIM……不再是一个 IT 问题。它已经成为一个商业实践的问题。高管必须花时间去思考 BIM 如何适应未来的经营策略，因为这是企业生存的问题。"从你在 IT 行业工作的角度，你认为技术、企业和人之间的关系对于 BIM 的有效应用是怎样的？

KF：我公司的第一个客户是西尔斯百货。我给他们做了商店规划和施工团队的工作。当他们有技术问题的时候会找到我。每当西尔斯百货面临商业挑战时，他们都会把技术作为解决问题的重要组成部分。这就是他们的思维模式。在没有考虑技术方面的贡献时，他们是不会去解决商业问题的。我很少在设计公司看到这样的情况。我们如何实现商业的目标？要先确定目标。然后我们要做什么？找到实现目标的道路。我们采用什么方法实现目标？我们靠市场营销。我们有产品。我们还有技术。因此我们希望营销员走出去，推广这个想法。而且我们希望生产团队能努力工作交付成果。我们能否通过技术赢得竞争优势？使工作更容易？还是我们正走向新的服务，并需要为它提供技术。我认为还差得远。技术在大多数企业都是后来才想起来的。BIM 也不例外。这就像"哦，我们应该用 BIM！"这根本就不是一个战略性的方法。在很大程度上，设计公司采用技术都很晚（图 3.23）。

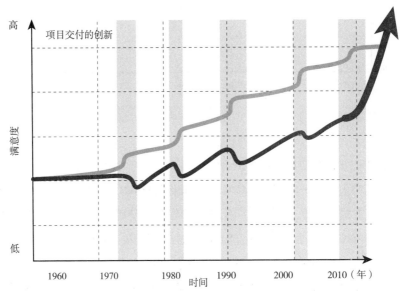

图 3.23 BIM 与整合设计一起可以提高设计和施工的效率（资料来源：Sam Spata，建筑师、美国建筑师协会会员、LEED 认证专家 ® AP BD+C）

BIM 在有的地方被称为年轻人的游戏。你同意吗？

KF：不同意。有效使用 BIM 需要大量知识。尤其是要知道如何建造。

你在雇人时，会招怎样的人？

KF：最重要的是找到有探索精神的人。愿意推广技术。对其他产品和方法有兴趣。后台是怎样的？怎么让它做我想要的事？我要找这样的人。那些有本事就自命不凡的人可能不是我们需要的。

McGraw–Hill 最近的报告指出，相对于有长期合作关系的团队，公司将来会与在技术方面有经验的其他公司合作。这也是你的感受吗？这是一个新的现象么？是不是这种技术带来了市场混乱？

KF：我第一次听到的时候很震惊。过去要花很久才能进入这个行业，因为人们喜欢与有过合作经历的人一起工作。现在，擅长使用 BIM 会让你出名，这样你就会被人需要。我最近的 GSA 项目团队就是根据他们能用 BIM 实现的成果组织起来的。

人们引用 Stewart Brand 的话说，"一旦新技术从你身上轧过，如果你不是压路机的一部分，那你一定是公路的一部分。"你同意吗？

KF：大概吧。这有点极端。技术是这样从你身上轧过去的么？我不知道。

你是否同意互用性的不足很大程度上要归咎于建筑界？如果是这样，为什么是建筑师，而不是软件供应商或承包商？

KF：人们以为软件公司会作出正确的事。但不是这样的。软件公司需要知道人们想从产品中得到什么。特别是在互用性的问题上，确实有一些不利因素。假如你有 10% 的市场就会需要互用性，因为软件的用户与其他人是对等的，他们需要交换模型和反馈数据。假如你是一家市场份额较大的公司，软件的互用性会让你失去市场份额。你看不到增加市场份额的办法。唯一能做的就是让人需要它。比如说，我真的需要你支持互用性，因为这对我的生意很重要；如果你不这样做，我会去找另一个供应商。直到今天建筑师都没有这样做。我的学生们说，这项技术会解决互用性问题，而我不得不告诉他们，不会！除非你知道想要什么或需要它做什么。

你认为互用性在今天是一个多大的问题？你预计它在什么时候会恰当解决，不再是业界合作的绊脚石？

KF：现在有两部分问题。一部分是因为 BIM 尚属新事物，互用性的需求没有很好的界定。这需要行业的参与者通过技术探索去积极地界定。这是一个巨大的问题，因为设计专业人员对这个问题毫无兴趣。我用两只手就能数出在美国积极参与这种讨论的人。我们正在努力。我们需要建设这个专业，因为它非常重要。

BIM 的前景在于你可以将这些信息用在多个方面。现在效果很好的一项功能是碰撞检查。但这是因为有 Navisworks。而我们没有解决互用性问题。我们不敢说，有一个全信息的 BIM

模型可以交给 eQUEST 去做节能分析。你需要创造一种全新的模型。它还不能进行成本估算。必须消耗大量人力检查模型的准确。互用性也没有体现在设施管理上。业主要求用 Revit 建立竣工 BIM 模型，包含所有建筑系统和每个设备的详细信息，以便进行设施管理。我不知道他们到底要拿它们干什么。这些都是很大很大的问题。

88 **注释：**

1. Lauren Stassi, "Extreme Collaboration: Interns in a BIM world"，得克萨斯州建筑师协会，2009 年 9 月 11 日，texasarchitect.blogspot.com/2009/09/guest-blog-extreme-collaboration.html

2. 同上。
3. Joann Gonchar, "Transformative Tools Start to Take Hold"，*Architectural Record*，2007 年 4 月，construction.com/ce/articles/0704edit-1.asp
4. Kristine Fallon, "Charles Matta Discusses GSA's BIM Success"，2008 年 夏，info.aia.org/nwsltr_tap.cfm?pagename=tap_nwsltr_20080

第二部分

领导整合设计

在第二部分中，我们的关注点是：独立工作和在 BIM 环境中与他人协同工作；成功实施 BIM 协同工作中的困难以及如何克服；为什么协同工作会成为行业的趋势。

这几章会让你熟悉 BIM 协同工作的挑战，包括互用性、工作流程、公司文化、教育、技术挑战、团体合作、沟通、信任、BIM 礼仪、单模型和多模型的区别、成本，以及与责任、保险和义务相关的问题。学习在当今职业、经济、社会和技术挑战背景下，设计专业人员需要掌握的关键技能组合，以及实现协同工作的策略。

阅读本章，你会更明白为何业主、设计和施工专业人员接受整合设计的过程十分缓慢，以及我们如何改变这种情况。一个简要但深刻的整合设计概述将帮助你向业主和团队推广这种流程。并且你会看到 BIM 和整合设计如何一同帮助设计专业人员达到最终目的：设计优秀、性能良好的建筑——为业主创造价值，让所有参与者受益，甚至造福后世。

在这部分还会看到一个重要建筑公司的首席信息官如何处理 BIM 带来的不断变化；一位有上百个整合 BIM 项目经验的施工者介绍经验；还有业内首个 IPD 整合项目交付案例研究的论述者讲述 IPD 的前景。

第 4 章

用 BIM 与他人协同工作

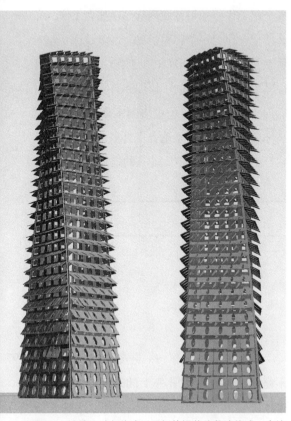

图 4.1 建筑设计师将难以理解的规范片段浓缩成一个按钮，然后就等看看好戏了（资料来源：Zach Kron, www.buildz.info）

　　说一句"好，开始协同工作吧"或者在一起工作就可以为业主数节省数百万——没那么简单。有的协作会失败，也有很多最终没有成为更有效的方法。对所有人都有效的协作是关键——而不是唱 Kumbaya（童子军歌）。对许多人来说，单独工作会更舒适、更有效而且更可控。然而，对于我们的专业和行业来说，协作才是出路。所以怎样才能找到既有利于业主又充满创造性和专业性的协同工作道路呢？

　　如果设计专业人员想在当前职业、经济、社会和技术挑战中生存，在团队中协作和高效工作的能力将是最重要的技能——虽然人们过去觉得这最好交给心理学家和实际运行来解决。尤其在 BIM 和整合设计项目增长的情况下，每个设计专业人员都会感觉到协同技能的必要性。如果他们要获得与其他人真正协作所需的思维方式、态度和技巧——学习如何设计出针对业主、承包商和其他团队成员的真正需要优化的建筑——那时建筑师将得到更多的信任和新的尊重，并回归虚拟总建造师应有的地位。

92　　正如厄内斯特·博耶所说，"未来属于整合者"。

用 BIM 单独工作

在 2008 年的 AGC BIM 论坛上，承包商 John Tocci 对比了当时的新词语——独立 BIM 和社会 BIM。BIM 论坛的一个评论解释说，"这些概念将逐步渗透到所有后续的讨论和演示中，并澄清了 Finit Jernigan 在《大 BIM 小 bim》书中提出的术语。'独立'指为提高单一公司生产率使用的 BIM。相反，'社会'意味着在建筑全生命周期中与上下游的其他人共享建筑信息模型。"[1]

虽然许多人将继续把 BIM 当做工具而不是流程——单独工作——这不是终极的 BIM 解决方案。目标是和他人协同工作，为所有人创造最佳方案。BIM 最大优点之一就是它实现的协同工作，而这是单独工作所不能及的。

独立工作至多是准优化的，而这违背了开发 BIM 的目标。具有讽刺意味的是，BIM 中的字母 I 旨在共享，并在它包含他人输入的信息时才有真正的意义。

如果将 Revit 或任何其他 BIM 平台单纯作为三维可视化或文件制作工具，就好比将笔记本电脑当锤子用。

——Kell Pollard，"The BIM Fad?"
www.revolutionbim.blogspot.com，2009 年 1 月 22 日

在这个问题上有些人没有选择。而建筑一直以来都是团队活动。没有一个人可以独立完成全部工作。如果你发现自己在独立工作，那么请把它作为一个临时情况。许多设计专业人员在最开始会用 BIM 单独工作。在此期间有很多事是你可以做的：培训和自我发展——以后与大家在 BIM 环境中协同工作时，就能提高你成功的机会。不论合作有多么困难，一旦它开始起作用就会产生非凡的结果（图 4.2）。

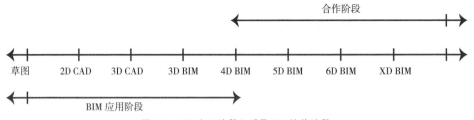

图 4.2　BIM 应用阶段之后是 BIM 协作阶段

用 BIM 与他人协同工作

它带回了设计的乐趣。我们不是在画线条，我们是在创造建筑。

——Peter Downs，BIMming with Enthusiasm
www.stlouiscnr.com，2009 年 1 月 1 日

用 BIM 完成工作——更高效、更有效——　93
不是因为你想看到业务上的改变。然而，用 BIM 协同工作会必然会带来变化。无论是好是坏，BIM 是一个变革的工具——忽视了这一点你就危险了。

BIM 是一个由技术支撑的商业流程。要优化这项技术的应用就要采用流程。理解这一点是非常重要的，因为建筑业的传统方法是单独使用技术，而 BIM 流程则在协作中使用技术。这种方式不是特有的，我们可以从过去的经验中学习。在 20 世纪 80 年代，制造业、汽车行业、航空业也面临着和今天建筑业类似的情况。由于国际竞争对效率提升的巨大要求（而不是动荡的地产市场），分散独立、各自为政的工作组显然不是成功的平台。解决办法就是采用鼓励合作的新技术。[2]

协作

最好的建筑来自所有成员之间主动、一致和有组织的协作。

——WBDG 美学分员会，Engage the Integrated Design Process 2010 年 10 月 30 日，www.wbdg.org

合作经常被认为只是一个时髦话——但专业和行业的未来是合作，而这个未来从现在开始。

合作已经影响到所有领域，不只是设计和施工行业。因此，许多人都竞相学习如何用一种共赢的方式实现最有效的合作。在最好的情况下，一个成功的合作不应是在风险和回报上牺牲设计师，而让其他人受益。

有些人认为我们是绑在一起合作的，但是这是有代价的。

传统设计的高度线性过程已在淘汰。在新的整合协作模式下，多个设计师要同时考虑一个设计，并且他们不仅需要找到自己的利益，还要让自己的决定让位大局。BIM 确实提供了一个环境，让所有的成员为共同的利益合作，这就是为何它成为倡导协作的关键趋势之一。虽然 BIM 并不是一个全新的概念，但软硬件的进步已使它成为一般 AEC 公司触手可及之物，实现公司内外更轻松地协作。[3]

协作是前文中提到的应用 BIM 的连带效益——一人受益，全体受益；在化解隔阂的同时铺就实现协作和整合设计的道路。曾有人问 Phil Bernstein，以他的经验看是否有应用 BIM 的其他连带效益：

BIM 可能是这样一种机制：它让社会网络或集体自觉或众筹的优点——不论你怎样称呼众志成城的现象——提高带来好结果的可能。这就是一种连带效益，因为协作的透明性是显而易见的，让你可以获得这种连带效益。这样你就对集体意识有了最初的认识（图 4.3）。[4]

94

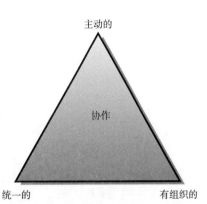

图 4.3　协作，作为可靠的技能和工具，是多种个人能力发展的结果

BIM 和协同工作流程带来的权力转移通常被描述为建筑师向承包商交权的过程，但同样的情况也出现在建筑师和工程师上。

在 20 世纪 90 年代，结构工程专业从某种程度上觉得自己被商品化了。一方面是广泛应用的 CAD 和简单现成的分析软件；另一方面则是建筑师往往被视为建筑的"唯一作者"。然而，Carfrae 现在看到了向结构工程师的回归——通过推广和延伸建筑信息建模（BIM）及相关技术，使之成为协同设计过程的一部分。[5]

但如果工程师在这个过程中变得太强大怎么办？"Carfrae 认为解决这个潜在问题最直接的办法就是要经常多学科协作——即他所谓的'保持交流'——辅以工程师观念的转变。"[6]

成功协作的障碍

如果建筑模型的效用来自它协作的潜力，那就要找到协作的障碍，要么成功回避它，要么在可能的情况下彻底消除它。十三种最常见的障碍包括：

- 互用性
- 工作流程
- 公司文化
- 自主
- 教育
- 技术挑战
- 团队合作
- 沟通
- 信任
- 礼仪
- 单个模型 / 多个模型
- 成本
- 责任、保险和义务

互用性

软件和应用程序的互用性对于参与各方的协同合作是一个重要的障碍。

当然，对于协同合作还有一些额外的技术挑战，比如文件巨大、模型的安全访问、团队多名成员在同一模型上有效工作的方法、不同工具间更好的互用性、与项目管理等其他工作流程整合更好的建模流程等。但所有这些都不是不可逾越的，而且终将解决。我们真正需要努力的是更好的协同教育，而这是大多数建筑、工程和施工学校所缺失的。整合设计与施工课程很少，而这是一个巨大的挑战。

95

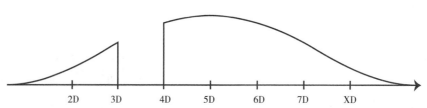

图 4.4　实践和信念将帮助你实现从可视化阶段到协同工作阶段，再到后来的可持续性阶段、制造阶段和运行阶段的飞跃，制订计划将有助于缩小差距

如果协同实践是 AEC 行业的未来，那么这样的未来只有在协同和整合设计成为 AEC 教育不可或缺的一部分时才能实现[7]（图 4.4）。

96

具备互用性的软件和系统一次又一次出现在会议、研讨会、网上论坛和用户组讨论中，成为在可预见的未来内阻碍各方协同工作的首要问题。

当我问 Aaron Greven 他的公司是否和他人共享模型时，他说：“是的，在过去，我已经和结构公司、机电公司、暖通分包商、幕墙承包商以及其他建筑师进行共享。我们还收到过 WE O'Neil 施工公司的设计模型，提早用更准确的估价和进度分析辅助预施工服务。”[8]

互用性一直是专业和行业工作的内容，Kristine Fallon 说，

今天，项目小组每天都要进行信息交换。许多人甚至在交换 BIM 数据。然而，这一过程既不是自动的也不是无缝的。如果一个积极的团队用几周时间来确定要交换的信息和协议，那么它才是可行的。通常 BIM 对下游的应用是不完整的，必须补充口头或文字的解释和信息。这里仍有技术问题需要克服，尤其是在以双向交流的智能模型数据为目标的情况下。[9]

工作流程

整合设计改变了数据分享的时序，而 BIM 改变了数据分享的方式。这在 BIM 对工作流程的影响上看得最清楚。

工作流程是“对操作序列的描述，是一个人、一个团体、一个组织的工作，或者一个或多个或简单或复杂的工作机制。工作流程可以视为任何实际工作的抽象，按工作共享、工作分担或其他类型加以区分。”[10] 很多人开始相信 BIM 的引入影响了公司现有的工作流程，虽然有些人说这是个谬论。[11] 但如果继续让现有的低效技术贯穿整个流程以及传统的交付过程，并且不可避免地要进行变更，又在每次变更中产生错误，那么中断公司传统的工作流程何尝不是好事。[12]

我问项目建筑师 Brad Beck，BIM 的使用是如何影响他与合作者之间的工作流程的，尤其是与 CAD 工作的区别：

协作是与旧流程不同的最大区别——高级建筑师把草图交给团队中的年轻成员描图，然后建筑师审图画红线，再交给年轻成员修改。在使用 BIM 的过程中，高级建筑师把草图交给建模员，并在草模完成后坐下来一起看模型有哪些地方需要修改，并一起找到解决的方法。这是一个更注重协作的过程，而且能学到更多东西。这是一个更加赋权的过程，团队成员关于建模会有更多的发言权，而不仅仅是改红线。它迫使那些有点害羞、不大主动的人把他们的意见说出来。就个人而言，我总会走上去问，“你确定要这么做吗？”但对于没有这种性格的人，用 BIM 并肩工作可以使交流更容易。[13]

BIM 没有团队的努力可能会失败。BIM 是一项团队运动，也应该像竞技一样进行。

事实上，软件工程师有一种工作模式叫"搭配编程"，即"驾驶员"和"导航员"并肩工作，而不是让同事站在后面提供信息。这种方法和团队成员用 BIM 合作的方式有许多共同点。"听起来好像写程序代码的人会被干扰，但并不是这样。这是一个协作的过程……"高级和初级开发人员会组合工作。"这也是一种快速提高初级程序员工作效率的方式，因为他们将学到高级员工的知识。"[14]

社会交往仍然是正常工作流程的一个障碍。"BIM 应用的障碍之一并不是技术本身，而是项目团队的所有成员关系变化产生的影响。因为 BIM 让建筑师、他们的顾问、业主和承包商在项目中更早、更容易地分享信息和专业知识，许多支持者认为它是比设计 - 投标 - 建造更整合化的交付方式的催化剂。"[15]

当贝克回顾他在用 BIM 工作之前的第一个职位时，对于改变的和不变的东西他是这样说的：

> 工作流程改变了。过去画草图、交图以及红线改图的方式和现在完全不同了。处理图纸和三维模型的思维方式、建模的过程，以及团队成员之间的沟通——所有这一切都发生了变化。最终的结果是一样的——你还是制作了一套描述建筑的文档，无论是三维模型文件还是一套图纸。一个公司的层次结构是仍需延续的，因为没有层次结构你就不会有成功的项目。制作成果的概念还是相同的。你能够创造一个更好的产品——一套更好的图纸——因为有 BIM。但是，你创造成果的概念——一座协调、考虑周全

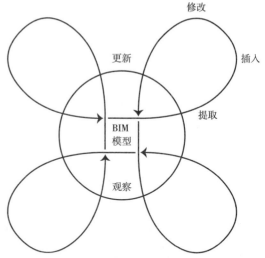

图 4.5　围绕 BIM 模型运转的合作循环模式以及我们与它交互的方式——Dana K.（Deke）Smith，来自美国建筑师学会建筑信息模型（BIM），最后更新：2008 年 7 月 24 日，www.wbdg.org

的建筑——是一样的，因为那是建筑师的职责和人们的预期。我们作为建筑师有责任就是因为成果不是我们需要的。那种成果会有问题。建筑师带领团队和理解施工成本、预算、时间表的责任是不变的[16]（图 4.5）。

贝克接着介绍了他当前项目的工作流程，他怎样同内外人员一同工作以及其中的挑战是什么。

CHMR 是一个有趣的案例，因为一开始给了我们一套二维文件，然后签约要用这些文件建出三维建筑模型。最初我们的职责只是虚拟建造师。我们用图纸建出能建的东西。后来的情况发展得更加复杂，也更有收获，因为 BIM 的成果让我们公司赢得了负责建筑记录的 Smith-Carter 的信任，而这种信任扩展了我们的工作

范围。它增加了我们在合同中的责任。当你超越了预期或合同的要求时，扩展的工作又可能是一把双刃剑。但这种超越对于 BIM 是有意义的，为了实现快速的流程和建造，每个人都必须参与进来。对这个项目整体而言，让 BIM 的使用者承担更多的工作是有好处的。一旦把建筑大体建立起来，你就会看到冲突和碰撞，由于我们每天都在这个模型上工作，所以对于我们来说更容易指出模型中的问题并且进行协调。所以现在我们在协调建筑师和结构工程师，建筑师和机械工程师。甚至有时候（记录建筑师 *）要求我们去协调机械和结构专业，也就是去协调顾问而不是协调（人）和建筑。虽然情况看起来非常复杂，但他们充分相信我们能解决这些。无论谁在用模型都是这个流程的一部分，因为它在本质上就是每天所做的事。至于工作流程，它已经变了——但我认为它在向积极的方向改变。

贝克继续说道：

> Antoine Predock 工作室，CHMR 的主创建筑设计师，用 Yanni Loukassis 的说法是"形体的守护者"。我们的工作——出色的工作——是确保形体忠于 Antoine Predock 工作室的设计意图。话虽如此，形体的守护者将推动

整个 BIM 流程的前进，迫使建筑师发挥比现在更大的引导作用。[17]

关于公司建立实施的工作流程，Adobe 系统公司工作的资深产品营销经理 Patrick Aragon 在《再创内外项目团队协作》书中有这样的结论："项目团队需要从线性连续的工作流程发展到并行的流程。显而易见的是，依赖于纸质文件或本地应用文件的工作流程往往会阻碍协作。"[18]

公司文化

如果 BIM 是 90% 的社会学加 10% 的技术，那么公司文化必须作为一个会激励或阻碍协作的主要因素加以考虑。在建筑行业协作变化的讨论中，《设计智能》的编辑说：

> 协作的文化更容易出现在非正式的工作环境中，在那里与人分享社会活动、社区活动或社会企业结构。如今，专业工作日益复杂，新的协作形式与协作文化不断出现，为客户创造价值。这是领导在专业实践上最紧迫的问题之一，也是最佳实践发展最令人兴奋的领域之一。[19]

你不只是采用 BIM，伴随它还有协作，以及对性能和投资回报率的关注。"整合建模改变了公司的工作方式，"SOM 纽约办公室高级数字设计经理 Paul Seletsky 说，"但采用 BIM 需要采用'BIM 文化'——根据性能而非形式的建筑设计新思路。"[20]

---

* arch.of record 负责记录建成信息的建筑师，其模型称"记录 BIM"（record BIM）——译者注

"文化"是一词多义的，所以定义清楚是非常重要的。"一个团队的文化现在可以定义为：一个共同的基本认识模式，团队在解决外部适应和内部整合问题中习得，由于运作有效而被认可，并因此作为对这些问题正确认知、思考和感受的方式传授给新的成员。"[21] 更简单地说，公司文化是"这里做事的方式"。"随着建筑信息模型（BIM）不断推广，管理建筑行业文化变化带来的挑战要比任何技术变革都大……建筑行业的伙伴将不能再是对抗的，而是作为真正意义上的协作者合作，"Derek Smith 说，"单打独斗再也不行了。"[22]

现在应该清楚，技术不是唯一需要关注的问题，更大的问题在于态度：犹豫、抵触还是坚决、接受。"在许多情况下，承包商和建筑师有一种错觉，觉得他们可以通过快速购买支持三维、四维和五维的软件系统来实现 BIM 兼容。只有购买这些应用软件后，现实问题才会出现；他们并没有相应的内部文化来支持这些工具的实际应用。"[23] 文化的改变源于协作。"在问公司预算是否有资金购买并实施一套 BIM（建筑信息建模）软件应用之前，应该首先问公司是否有支持协作的文化。"[24]

99

BIM 被人称为颠覆性的技术——而这会带来文化之外的实际意义。虽然 CAD 在当时也是颠覆性的，但 BIM 对公司空间环境的颠覆，是"被丢进里屋"的 CAD 不曾做到的——BIM 打通了前排会议室，在团队会议人数增多时占用了厨房、重新安排座椅，打开了小隔间式的工作站，并要求更多、更大的硬件和显示器。

公司最终意识到他们的员工很早就知道的事实：隔间文化是行不通的。

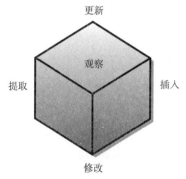

图 4.6　进行 BIM 模型交互和变换的五种方式

由于对新老员工之间知识分享的担忧激增，公司认识到压抑人性的'隔间农场'抑制了协作，打击了员工的积极性，并恰恰在最需要创新的时代扼杀了创新（图 4.6）。[25]

个性和错误的自主承诺

设计专业通常会吸引内向的人、单干的人和那些误认为协作就等于妥协的人。即使知道孤独的天才不受重视，许多建筑师还是暗自希望会成为唯一的例外。

书的标题"形体的守护者"[26] 听起来有种让专业自主的感觉。我问书的作者 Yanni Loukassis 是否担心自主是协作的敌人，他解释说：

专业人士总是要做两件事：一方面发展的自主意识和个性，另一方面建立和他人沟通的桥梁。他们想同时兼顾这两方面。他们想协作，与他人合作。为此他们建立了共同的语言、共同的参考体系和表达方式；而且技术对此是非常有用的。但他们也需要突出自己，并证明自己的价值。Dana Cuff 写道，建筑公司的每个人都在定义自己的创造方式。无论他们是什么岗位，其实都是设计师。我认为这两方面是要兼顾的。你不能完全倒向协作；否则每个人还要去保护自己的个性。[27]

教育

当被问到当今学生教育最缺什么东西的时候，Loukassis 回答说，"当一半的学生将来会按非传统的方式工作时，为学生们做好职业准备有多重要？"他认为有哪些方面需要给予更多的重视，又有哪些方面被过于强调呢？

首先，协作在教育中强调的不够。工程专业的学生往往被迫在学校的项目上进行合作——他们可以从中学到很多。建筑师有太多的特殊表达方式。在学校里，建筑师需要更多地去定量思考和工作以及写作——因为那些是非专业人士的主要语言。如果建筑师想协作，他们就要掌握这些语言。定量思维和数学会让他们理解从科学到经济学的一切，以及建筑师在过去不涉及的诸多问题。[28]

我们真正需要的是提供更好的协

作教育，而这是大多数学校建筑、工程和施工教学中缺失的。整合设计和建造课程很少教，而这是一个巨大的挑战。如果协作是 AEC 行业设想的未来，那么这个未来只有在协同与整合设计成为 AEC 教育不可或缺的部分时才能实现。[29]

技术挑战

技术是我们用来完成工作的，旨在提高生产力的新技术，这已是这个行业多年的事实。但迫使设计专业人员学习新技术会降低生产率。同时，BIM 作为一种技术是颠覆性的，因为它没有在前序软件的基础上逐步发展，而是需要全新的能力。尽管技术是不断变化的，一位早期的读者评论说，人们对新技术的反应却是不变的（图 4.7）。

今天许多人仍然相信整合设计最大的障碍是行业中可用的新技术。但真正的原因在于积极性：只要愿望或需要足够强烈，一切都是可以战胜的。正如 Paul Teicholz 所写，"我亲眼看到真正的整合团队成员使用了不同的软件产品。积极的结果显示，只要有愿望和 / 或需求就可以克服技术困难。"[30]

谈到协作，人们一般讨论的是技术而不

从 ⟶	到
集中控制	分散的合作网络
著名建筑师	集成设计团队
稳定的设计分工	动态的创造性分工
线性的流程	同时 & 重叠的工作
为大众用户设计	为专业用户设计
传统的指导	几代人之间的相互指导

图 4.7　转向更加协同化的整合设计团队所需的转变（资料来源："From the Editors"，2007 年 9 月 15 日，www.di.net/news/archive/ from_editors /）

是人——尤其是建筑行业协作工具的不足，被认为是公司里抑制生产力提高的原因。[31] 除非关注人并以人为协作的重点，否则这是毫无意义的。技术的目的是支持而不是阻碍协作。不幸的是，事实并不总是这样。有新技术的地方就会有障碍要克服。"当然，对于协同合作还有一些额外的技术挑战，比如文件巨大、模型的安全访问、团队多名成员在同一模型上有效工作的方法、不同工具间更好的互用性、与项目管理等其他工作流程整合更好的建模流程等。但所有这些都不是不可逾越的，而且终将解决。"[32]

建筑师 Brad Beck 目前的项目合作伙伴分布在不同的国家。当被问到他用 BIM 工作时，是否觉得视频会议或其他媒体或工具有助于协作，以及需要什么来改进协同的顺利运行时，他回答说：

> 我们使用 WebEx 会议，但它有很多种。远程会议绝对是必要的，尤其是在做 CHMR 这种项目时，顾问在不同的地方，总把他们招在一起开会成本太高。这不只是发展协作——而是使提问更容易。有时问那些问题实在是太容易了。一个负面的影响是这使你很难专心做应该专注做的事。一旦建立起部分模型，就会有很多的预留位置。你会通过远程会议专门讨论钢结构的问题，而和你在会上讨论的人可以看到墙的位置有问题，或楼面完成面不符合预期。你关注的是钢结构的位置，然后他们说："那楼面怎么样了？！"所以问问题虽然会过于简单，你也清楚这并没有什么不好

102

的意思。在这种情况下，掌握会议安排的人需要主持会议。一旦有人跑题，就要说这个问题将在另一个时间讨论，但现在我们要关注这个问题。一个经验就是，当你进行 WebEx 网络会议时，需要有议程。否则这将是完全开放的，可以针对模型中的任何问题。在此之外这是一件好事，它打开了交流的渠道，让你不必再害怕提问或一言不发。这种改变是十分关键的：在 WebEx 中每个人都在不同的地方，看不到其他人，所以就很容易发问，"这是怎么回事？"而当大家都坐在会议桌上，如果看到有错误，就不太可能把它指出来，因为大家都在房间里。它让每个人都保持坦诚，说他们想说的。即使是有主持人，也很难让讨论集中在相似的细节程度上。这个过程就像从外向内做一个洋葱。先包上最外层的总体范围，然后再逐层深入，直到核心。在 BIM 里这样做是非常困难的，因为第一次插入一面墙的时候，它会问干墙有多厚？在 BIM 中这样不是不可能，但很困难。[33]

大公司的主要办公室都带有原型视频会议室，用来展示图像、视频、文档，甚至计算机桌面直播。通过一系列投影仪和平板电视屏，每个房间都可以同时展示很多的想法和文件，而且所有的会议记录都可以保存、打印并通过电子邮件即时发给与会者。你的团队用更少的成本实现了进步。这种大公司的配置现在是合适的——或者在 BIM 成为标准之后将是必要的么？贝克继续说道，

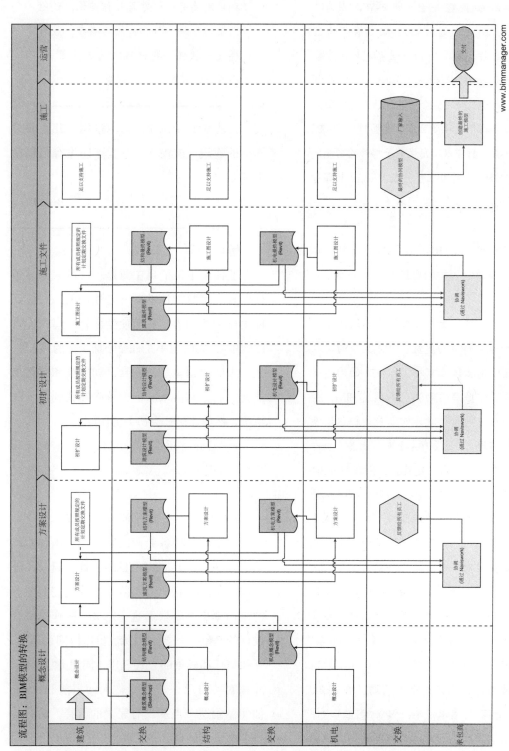

图 4.8 随着项目的进展 BIM 模型的转换流程（资料来源：Mark W Kiker，www.bimmanager.com）

我认为这不是必要的。这当然会使沟通更容易，而且会更普遍——但不是因为 BIM。它会无处不在是因为技术，而且这是未来。BIM 将会促进它的发展。这是在 BIM 世界之外逐步发展而来的，即使没有 BIM 也会推广开来。建筑师可能会更多地使用它，因为 BIM 在很大程度上有助于协作。WebEx 保存、打印以及发生电子邮件的功能是很好的。问题在于，在 WebEx 中有时会忘记回答沟通的问题（图 4.8）。[34]

到目前为止 BIM 最大的困难和挑战是：技术？沟通？人类的本性？贝克认为，

从技术上讲，软件只不过用于几座非常简单的建筑。BIM 真正的卖点还没有出现在市场上。最大的沟通障碍是许多公司的高层不熟悉 BIM，并认为它的价值就是它本身。但这还没有实现。它还没有完全发挥出潜力——尤其是对复杂的建筑。我们在 CHMR 项目上努力推广 Revit，每天都要花费一定时间解决技术问题。这可能就是最大的困难。无论是否使用 BIM，人的本性对项目都是一个挑战。令人恼火的是，开发软件的工程师在主导结果和可能。这是我最大的心病——我无法按照公司的要求修改立面形象。软件工程师没有考虑或考虑不周的地方对专业来说是个大问题。在 AUGI 上有各种需求清单，但任何 BIM 软件都取决于设计它的工程师的水平。不

能满足需求的工程师给用户带来了一大堆问题。假如我是 Autodesk 的负责人，我肯定要有一群建筑师作咨询，让他们看软件缺少什么，然后修正，最后再发布软件。要让 BIM 为专业服务，而不是让专业为 BIM 服务。[35]

从技术上讲，软件只不过用于几座非常简单的建筑。BIM 真正的卖点还没有出现在市场上。

——Brad Beck

团队工作

圣杯英雄是依自主意愿行动的人……圣杯以及大多数神话的意义是相同的——找到你生命中的动力，从而使生命轨迹离开你自己的中心，同时也不是社会强加于你的。自然，接下来的问题就是协调自己的幸福和道德与社会的利益和需求。但你首先要找到自己的轨迹，然后才是社会协调的问题。

——Joseph Campbell, Hero with a Thousand Faces

在团队中工作会困难重重。

协作就是将各专业的经验、知识和才能结合在一起，共同为项目的设计、记录和施工作出贡献，它比各团队成员分别完成任务的生产率更高。根据这个定义，协作是整合设计的基础——要求团队成员以协同、透明、互相信任和尊重的方式工作，同时开放交流，并像对待自己一样接受他人的想法和工作。如何做到这一点从没有完美的解释，而有待每个团队成员自己去发现。J. H. Findorff 公司

的施工前期主任 Mike Whaley 说，"要充分发掘 IPD 的全部潜力，我们就要重视团队建设，将它作为流程中有组织的步骤之一。"[36]

信息共享不仅有利于扩大专业知识，而且……这是我们的道德责任。这一挑战一定会考验我们的道德耐心！

——卡罗尔·琼斯，Collaboration: The New Professional Paradigm，2005 年 12 月 21 日，http：//www.di.net/aricles/archive/2450/

鉴于团队建设作为一个专业得到的关注极少，Whaley 做的正是这样一件事——提出如下问题："团队建设需要考虑四个方面：第一，如何建立一个团队？第二，将团队移到一个中心位置是否值得投资？第三，BIM 如何引入团队中？最后，在有了团队计划后，大家是否在团队合作？"[37]或许可以把 BIM 想象为一个额外的、工具性的团队成员。Autodesk 大学有这样的议论，"工具不只是实现目标的手段。工具现在是团队、文化和整个企业的一部分。"[38]这样的工作安排对于经验不甚丰富的员工尤为关键。"重要的是，为了项目的成功，实习生要能直接与有技术设计和施工经验的团队成员沟通，在他们的指导下建模，完成准确、可用的文件。"[39]

协同工作为 BIM 模型创造了社会背景。因为人们普遍认同信息只有在社会背景下才会有意义，所以 BIM 模型工作所处的社会背景越广泛，模型就越有意义（图 4.9）。

在用 BIM 与他人协作中，情商有多重要呢？建筑师 Brad Beck 认为：

这和不用 BIM 工作的团队是同样重要的。用 BIM 工作得到的协作是传统建筑实践缺乏的。学徒从专业人员那里学习，但反之则不成立。你得到的是自上而下的经验。BIM 带给你的，包括 BIM 工作所需的沟通和情商，是上下之间双向的教育。尽管 BIM 依然相对比较新颖，现在已经较为普及。当 BIM 普及到被行业中每个人应用时，它也可以回到自上而下这条路上。[40]

如果设计专业人员想在当前职业、经济、社会和技术挑战中生存，在团队中协作和高效工作的能力将是最重要的技能——虽然在过去人们觉得这最好交给心理学家和实际运行来解决。

尤其在 BIM 和整合设计项目增长的情况下，每个专业设计人员都会感觉到协同技能的必要性。

直到建筑师承认，所有人的努力比一部分人的努力要好，团队合作一定会带来更好的解决方案，建筑包括建筑设计一定会在所有人的参与下得到改善，即使承包商和客户可能有与你矛盾或者完全不同的目标——直到那时，BIM 与整合设计都不会普及，建筑师也不会逐步边缘化。

我问 Aaron Greven，到目前为止他和设计团队使用 BIM 的经验是什么，以及是否每个人都在参与。"经验和技能水平各种各样，是难以衡量的。"这很难吗？

机电设计公司是行业中最后的参与者，坦率地说，因为他们的服

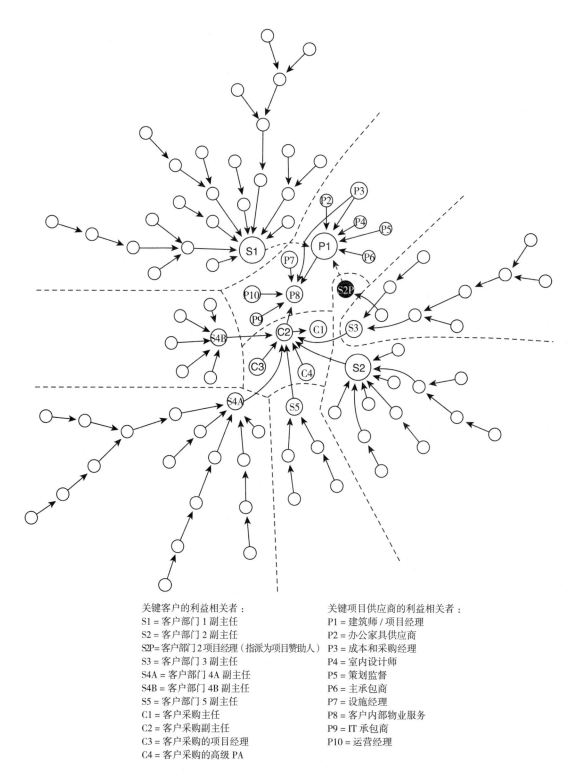

关键客户的利益相关者：
S1 = 客户部门 1 副主任
S2 = 客户部门 2 副主任
S2P= 客户部门 2 项目经理（指派为项目赞助人）
S3 = 客户部门 3 副主任
S4A = 客户部门 4A 副主任
S4B = 客户部门 4B 副主任
S5 = 客户部门 5 副主任
C1 = 客户采购主任
C2 = 客户采购副主任
C3 = 客户采购的项目经理
C4 = 客户采购的高级 PA

关键项目供应商的利益相关者：
P1 = 建筑师 / 项目经理
P2 = 办公家具供应商
P3 = 成本和采购经理
P4 = 室内设计师
P5 = 策划监督
P6 = 主承包商
P7 = 设施经理
P8 = 客户内部物业服务
P9 = IT 承包商
P10 = 运营经理

图 4.9　社会复杂性图示。组织关系图说明客户和施工团队之间的边界已经模糊，并在项目中融合。图示是根据施工团队和客户代表之间的沟通（电子邮件）模式整理的（资料来源：Derek Thomson 博士，赫瑞瓦特大学，爱丁堡，苏格兰，d.s.thourson@hrv.ac.uk）

107

务更多的是基于系统的图纸。他们在项目流程中的成果和付出在 BIM 的影响出现之前就已被边缘化了。所以他们的费用较少，工作范围也较小。很多只有部分标段的合同，提供性能相关的粗略信息，无法投入建立精准 Revit 模型的时间。[41]

整合设计需要协作，而非一群专家的聚集。
—David Mar，SE，Principal Tipping Mar + Associates

交流

BIM 对团队有特殊的要求，特别是在交流方面。现在有很多在 BIM 环境中有效沟通的研讨会。一个议题是这样的：

潜力巨大的 BIM 关注的是设计和施工，但还有一个重要的领域需要注意：人际交往。信息交换的艺术在随着新技术变化。在新的 BIM 工作环境中，人与人的信息交换需要"BIM 合作交流"——从最初的项目会议开始。团队成员、业主、律师和分包顾问必须有效地提出建议。没有清晰的理解，误解会耽误项目的交付。这一议题探讨了组织和传达信息的方式，既有正式的会议也有非正式的讨论和对话，让所有各方都"了解"并在共识的基础上前进。[42]

今天所有可用的协作工具和平台让距离对交流的阻碍比任何时候都小。事实上，远距离协作在设计专业人员和项目团队其他成员中极为普遍。"虽然大多数协作发生在同一办公室的项目成员之间，近四分之三的人也与办公室外面的人合作。事实上，相比于其他 AEC 专业人员，建筑师和工程师更可能与外部顾问和服务供应商合作。"[43]

虽然许多创新设计公司将预制视为精益建造和整合设计的答案，费城的 Erdy McHenry 公司正在"尝试通过调整建筑师和建造师之间的关系来实现施工的流水作业。比起乌托邦式的同行，他们更有可能实现自己的目标。"公司创始人表示。

他们认为，专业之间缺乏沟通是施工成本高的真正原因。Erdy McHenry 相信能够通过各技术专业之间——钢结构工人、木工和电工——在施工前反复的商议节省资金并加快流程……而不是等到设计完成后。在计算机模型的建立过程中，Erdy McHenry 就开始与承包商共享。他们认为，建筑工人可以在早期发现错误，并提出一个更有效率的方法完成同样的工作。[44]（图 4.10）

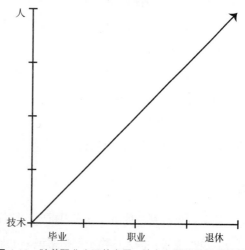

图 4.10 随着职业生涯的发展，技术变得越来越不重要，而人的问题变得更加重要

信任

在 AEC 行业讨论信任是一个棘手的问题，尤其是一方或他们的工作成果或产品不可信时。有一件事是确定的，信任对在一起工作的人之间有意义的社会关系是必需的。所以谁会迈出第一步呢？

有些人认为业主应该为相互信任的工作环境和流程建立平台：

> 协作关系发展的第一步来自业主。业主或业主的项目代表必须能接受一个新的工作环境，使一切交流得到尊重。业主必须明白，知识不只是在一个地方存在，而是遍布建筑业。关键是要让知识以及最好、最聪明的人为你服务。为了实现这一点，就必须建立信任。[45]

无论怎样定义，信任是协同工作的一个关键——没有信任，就只有形式各异的强迫。协作的组织和团队开诚布公地依靠信任，相信团队的成员在本质上是好的，能发挥出人最好的能力，并为他们提供成功的手段。问问管理层是否对团队成员有足够的信任，能够放手让他们去完成工作。

其他人认为，整合设计中的信任是一种结果而不是一个先决条件。"这不是信任的问题，而是流程的问题，" Scott Simpson 说。"如果流程安排合理，就自然会有信任。"[46]

礼仪

团队成员找到一种协作方式很重要，协作的方式也很重要。待人接物不只是常识；也是设计专业人员的特权和职责。Jarrod Baumann

在《如何待人接物》中指出了这一点：[47]

- **保证可靠性**。可靠的连接点是至关重要的。
- **删除对象还是改变类型**。当调整建筑模型时，通常会在删除对象后重新绘制。对建筑师来说这是完全合理的，但会为顾问带来更多的工作。如果删除了墙体重画，这些元素将被孤立，并需要重新建立连接。改变墙体或天花板类型也是一样的。选中后改变类型，而不要删除重建。
- **减少建成模型中重复元素的需求**。这应该是我们作为协作 BIM 建模员的一个目标。在这个工作中，最好让照明设计师建模，并将照明设备放在建筑师的模型中。
- **绿色分析**。高能效的施工是我们行业每个人都在追求的一个重要目标。BIM 能使这个追求更容易实现。为了充分发挥其潜力，各学科的设计师需要合作创建用于模型分析的高质量模型。这一责任很大程度上在于机械和照明工程师。不过，一个好的建筑模型将使详细分析的工作更加容易。[48]

单一模型 / 多个模型

> 独立于整体看到的物体并不是它本身。
>
> ——福冈雅信，The One-Straw Revolution: An Introduction to Natural Farming（Rodale 译，1978），P26

建筑师和承包商协作中不可避免的障碍在于是否需要一个或更多的 BIM 模型。建筑师一直在观望——坚持认为他们的模型完全能够满足承包商的施工需求，由于责任的缘故他很高兴无须亲自动手。考虑到所有与团队相关的问题，最好及早地沟通模型的用意。博主和 BIM 专家 Brad Hardi 解释说，"如果你建一个 BIM 来提供施工工具，帮助更好地协调项目，那么建模的深度需要达到可施工的细节，让总承包商能够用来施工。同时与承包商交流，找到他们的需求。"[49]

业主以及一些建筑师需要理解为什么不能毕其功于一模——单独的方案模型、设计模型、施工模型、设施和运行模型都是需要的。这在很大程度上取决于模型的用途——设计、施工还是分析。"从业主的角度来看，如果建筑师能够熟练运用 BIM，并建立了三维模型作为工作成果的一部分，那么总承包商和分包商为什么不能用这个模型去策划施工和制造？更重要的一点……业主为什么要花钱让总承包商或分包商再做模型呢？"[50]

我最近被问到如何使用建筑师的"垃圾"模型。这看起来是个很好的问题，而且如果你不是建筑师的话也很容易问出来，承包商也问了工程师和制造商同样的问题。我还听到建筑师问，承包商需要什么样的模型？基本上每个人都会问，为什么他们不能使用对方的模型。

——Brad Hardin, Composite Model Strategy，2009.3.21[1]

www.bimcompletethought.blogspot.com

不管"一模通用"听上去有多迷人，使用多个 BIM 模型是常规。事实上，很少有项目只创建一个 BIM 模型并用于所有的专业。

一个项目可以有多达八个目的的不同的模型。[51] 这里有一些其他行业的专家在单模型与多模型问题上的看法：

根据 ENR 的信息，总务管理局曾在一个项目中有一百多个 BIM 模型，而这个数字可以达到 220 个！在过去四年里，我已经在一百多个会议中听到人们希望用一个模型去实现一切，并希望我也这么说。但依我看来，多模型还是很有必要的。

——Don Henrich, I rest my case! 200 Models?

2009.4.30 www.vicosoftware.com

BIM 不是一个数据库或"单体建筑模型"。这是应用 BIM 最混乱的一个地方。很多人相信 BIM 是一个数据库，每个人都可以从中提取所需格式的信息……但最好还是把 BIM 看成一系列模型。[52]

另一份报告显示："虽然 BIM 用户经常提到'这个模型'，但是在实际操作中，多学科的项目团队很少会用一个无缝的数据库。相反，团队会依靠一系列按专业分类的模型，通常还有不同的软件平台。这种模型通常会定期更新并通过项目外网进行协调。"[53] 从施工的角度看，多个模型是现在工作的方式。

成本

由于信息产生昂贵但复制廉价，为了让工作高效、有效，设计人员应该花最少的时间建模。在首次使用 BIM 时，创建企业自己的 BIM 族库比在后期更加昂贵。

协作是有价格的。"许多公司在经济困难时期削减的成本是技术。所以你就知道，世界各地的专业服务公司正在密切关注所使用的技术的整体价值。"[54]BIM 应全面应用，而不是零碎地。它会给公司带来的效益已在前文中阐明——不只是协作的手段，也不只是商业的工具。

义务、保险和责任

可以肯定的是，这是一个尚未解决的重要课题，并且可以独立著书论述。在这里，笔者想将讨论限制在有效协作障碍的一两个问题上，并说明协同工作如何在现实中减少整合设计的法律后果和责任。"虽然有关于责任和著作权的担忧，但调查显示协作环境在美国的大型项目中的确减少了为辩护准备的文件需求。"[55]

在 2010 年 的 BIM 论 坛 上，Ames& Gough 公司的 Gregg Bundschuh 在他的演讲《BIM 的索赔和保险：最新进展调查》中将当时出现的 BIM 项目 30 个保险理赔案例分为六大类：

- **二维到三维的转换**。承包商进行了二维转换，并在转换过程中推测设计意图。
- **合并版本**。当公司"合并"同一软件的不同版本时，就会在不同版本之间产生不一致。
- **默认设置**。当企业使用软件的默认设置，可能会出现错误。
- **对模型的依赖性**。毫无疑问，这个问题是最普遍的。当过度依赖一个模型时就会发生这种问题。

- **互用性**。在设计和制造模型之间的冲突已经造成了三次索赔；这些主要是针对钢结构的。
- **责任标准**。到目前为止，最有趣的索赔是大约两个月前美国中西部的一次仲裁。专业设计人员只创建了二维文件（按照合同要求）。之后，承包商做了二维转换，他们指出了冲突却被建筑师"忽略"。建筑师的说法是，他们没有责任标准以外的报酬。然而，仲裁人说建筑师一旦被告知就应该解决这个问题。判决认为，建筑师没有达到责任标准，承包商赢得了数百万美元。[56]

正如一位评论者在看到这张清单时说的，"我很想知道，假如这些项目没有使用 BIM 会有多少索赔"（图 4.11）。

策略：让协作奏效

协作起到效果了吗？如果是的话，协作是如何发挥效果的？客户希望他们的建筑师协作吗？整合设计有助于实现协作么？最近已有很多协作成功的实例。一些关键的策略可以提供帮助：

- 抛开自我、英雄主义或个人贡献的想法。
- 把项目放在第一位。
- 重视集体及其需求。
- 发挥协作智商。

关于最后一点，"BIM 智商"或协作智商（作为一种新型智商）是社会智商和技术智商的组合，对于设计专业人员是一个巨大的机

会：宏观思维与微观细节相结合；能够在不
同尺度之间工作，并找到完成各层次工作的
合适时机。这方法衡量了团队的协作能力，
以及他们对鼓励团队协作的群组软件及其他
Web 2.0 技术的舒适度。

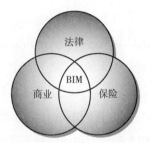

图 4.11 为你和你的组织评估可接受的风险水平

访谈 5

Rich Nizsche，Perkins+Will 公司首席信息官、注册建筑师、LEED AP，负责公司内全部
信息系统和服务的战略、监督、协调和交付。

促使 P+W 转向 BIM 的原因是什么？

RN：这是一个过程。对于 BIM，我们已经进行了长期的追踪。至今我还保留着 Autodesk
收购 Revit 之前的夹克，当我还在 McClier 工作时就买了它。我们曾用 Revit 做了一个建筑的方
案设计——美国航空公司肯尼迪机场的维护建筑。当我进入 P+W 时，他们使用的是 Revit 版
本 1。我们一直关注着 BIM。我们当时觉得这个产品还不够成熟。Autodesk 公司最近接手。它
在缩放和造型功能方面有一些局限。我们认识到，如果要获得成功，它就要能支持我们在构
造方面的大多数工作。Michael Masteller，P+W 的企业 CAD 管理员和我一起参加了 2005 年 11
月的执行汇报会。在离会时，从我们的所见所闻看，时机到了。

2006 年初，我们努力赢得了机会，要求每个办公室做一个中等复杂的独栋办公楼的 Revit
项目。不是多办公室协作项目。所以 2006 年是开创性的一年。这个要求并没有严格遵守——
大概有一半的人做了。其中的目的是暴露出一些独立工作的问题。后来有了多办公室协作的
项目。我们开始研究大团队的工作流程问题。

随后在 2006 年，首席执行官 Phil Harrison 在领导小组会上对所有的常务董事、全球市场 112
部门领导、金融和 IT 负责人说，从现在开始我们要 100% 的 BIM。这是一个大胆的决策，也
是我们所期望的。现实情况是，对于这个决策还是有一些异议的。我们现在努力要做的就是
清除障碍，平息异议。

一个现实情况是，你不会去转换已经顺利进行的项目。事实二是，如果客户要求用另一
个程序，那好吧。事实三是，我们确实没有足够灵活的平台能在独立的内部设计工作组中实施。
我们不希望强行让人使用 Revit，这需要花费艰苦的学习时间。

培训完全是另一个问题。真正的问题是"人才带宽"。我们根本没有这样的人。我们开始
推广和招人——但我们还没有达到 BIM 总体目标所需的全部人员。这个领域的人才非常难得。

因此，我们采取了几个不同的方法（图 4.12）。

我们的计划是进行三天的培训,之后按时开始做项目。这样就能够巩固和运用所学的知识。但有一点是，三天的培训不可能教会所需的全部知识。在这个过程中，我们的困难就是没有足够的人手支持——走进团队并指导他们。几年前，我们设立了一个名为"设计技术领导人"（DTL）的计划。他们不是 IT 人；他们是建筑师或室内设计师。这是一个叠加，把这个职责叠加到公司上——同时还会积累员工的领导力。对于这种支持性的职责，不仅有额外的补偿，还有相当明确的时间限制。DTL 会排除容易回答的问题，促进项目的设置。同样地，我们的要求并没有 100% 的实现。我们还在努力。完成了这些工作的办公室已变得非常熟练，而 DTL 也已经建立了自己的工作群。他们互相交流，我们看到整个公司内已经出现工作群，以 DTL 的身份完成他们的轮值。

这是令人兴奋的，因为他们是优秀的使用者；他们首先想成为一流的设计师和建筑师，而不是成为技师。但他们意识到自己是擅长这些的。我们尝试提升这种地位，保证不会变回过去"CAD 制图猿"和"打图鼠"的状态。我听说办公室里有人准备好辞职了，因为他们的建筑设计任务已被夺去，而他们将成为"BIM 建模猿"。听到这些，我们就在每周 40 小时的工作时间中增加了 10 小时的学习上限。这是一个领导力的转变。如果想前进，这两三年的历练就是成功的一部分。

他们首先想成为一流的设计师和建筑师，而不是成为技师。但他们意识到自己是擅长这些的。我们尝试提升这种地位，保证不会变回过去"CAD 制图猿"和"打图鼠"的状态。

——Rich Nitzsche

图 4.12　分析工具——Ecotect 的玻璃研究（©2009-2010，P+W 保留所有权利）

　　信息技术是不断变化的。P+W 是世界上最大的建筑公司之一。怎么才能使一个航空母舰大小的公司走上一个完全不同的 IT 道路？

　　RN：有时候你觉得像是坐在救生艇上却要推动航母——丝毫不动。我们的情况基本就是这样。我们的 ADT 实施工作是相当复杂的。我不知道每个人是不是都觉得这种复杂是有用的。在许多方面，BIM 是我们的一种自然进化。

　　首先，你必须有上层的认可。Phil Harrison 已经全盘支持 BIM。他深信这就是未来，这就是我们需要做的事情。让 Phil 同意很容易。要让 Phil 和其余执行领导团队也同意——我们是自上而下和自下而上的双向工作。自下而上的工作做得更好。现在我们在如何造势方面已经比较熟练了。我们要有多种沟通方式。我们不止一次地重复告诉自己坚持理念，并从不同的角度表达它。你需要营造一种态势。

　　我学到的一件事情就是，我们会和每天管理办公室实际事务、账务和员工的人坐在一起开建筑运行会议。有人会抱怨 BIM 的应用情况。桌子旁可能有很多人有成功的故事可讲，他们都曾为成功付出艰辛。你需要让他们发挥作用——让来自同行的压力替你说话。不是以一种卑鄙的态度——而是告诉他"这是可以实现的。"你们（在座的）已经做到了——为什么不讲一讲成功的付出？试着突出成功的案例。

　　这是我们在 IT 方面需要更多努力的地方——注重沟通。我发现，来自同行业的压力是说服其他人向前迈进最有效的工具。

114
　　P+W 是一个非常年轻的公司。人人都在进行这些项目的提升和创作等。他们要关心这些工具，使用这些工具。那些步入事业中期的人——项目经理——并没有使用这些工具。对于他们来说，他们想知道它的预算怎么做，员工在做什么，以及需要多久。但他们并不真正动手做项目。他们"懂"BIM 比用 BIM 更重要。我们有专门培训项目经理的 BIM——培训主管和副主管的 BIM。就是为了让他们熟悉它的概念和流程。我个人并没有看到很多花白头发的人与年轻人坐在一起用 Revit 工作（图 4.13）。

一旦 BIM 的应用和实施开始进行，你认为这种技术对工作流程带来了怎样的影响？

　　RN：很快出现的情况是大型团队的工作流程，将成为巨大的问题。P+W 有 60% 的工作是多个办公室完成的。这就是我们的一部分营销内容。我们有来自全国各地的专家意见——我们不是每个领域都有一个专家在一个办公室里。所以，如果我有一个纳米技术实验室的专家喜

图 4.13　分析工具——Ecotect 中照明的研究（©2009-2010，P+W，保留所有权利）

欢住在圣地亚哥，我们将在那附近建一个办公室。我们做到了这一点——围绕专家建造办公室。

问题在于，合作是公司的一项基本原则。我在 IT 方面负责的一项工作就让合作更容易。消除协作的壁垒。例如，我们这里的电话系统在每个办公室都一样：用四个数字可以联系上任何人。其他系统也有同样的标准化。在大团队的工作流程中，我们遇到了 BIM 一些非常严重的局限。这就使网络和硬件平台的问题开始显现。这个挑战迫使我们寻找到一些计算解决方案，而在几年前我们没有预料到会发展得如此迅猛。

我们正在积极进军云计算。我们已经把大部分服务器的库存虚拟化。我们在等待桌面虚拟化发展到大量图像运算的阶段。我们解决这个问题的一种方法是通过集群资源，这也属于绿色策略。这其中有很多协同效应的存在。我们也在与其他办公室研究组合策略——我们的人、所有的顾问，总共六七十人，全在办公楼的同一层，用我们的设备和网络，缓解距离上的问题和公司内部的模型共享问题。

BIM 为我们公司所做的是，它再次激励很多人把重心放在建筑上。在 BIM 中工作更像是在做建筑而不是制图。

——Rich Nitzsche

115　你怎样描述 P+W 的公司文化？在 BIM 环境中工作对这种文化有什么影响？

RN：由于协作是一种核心价值，它会对协作道德带来一定压力。BIM 为我们公司所做的是，它再次激励很多人把重心放在建筑上。在 BIM 中工作更像是在做建筑而不是制图。尽管我们过去在 Revit 上很艰难——其实 Revit 或 ArchiCAD 都一样——我问大家是否愿意回到 ADT，每次他们都说不，再也不想回去——这就是我们一直期待的方式。

问题总是归结到速度和简洁。模型管理是瓶颈。这是一个恶梦，并且需要大量的前期规划。如果你在芝加哥办公室只用芝加哥的人做一个 K–12 项目——那很容易。但是，假如你在做约翰·霍普金斯的项目，并与洛杉矶、亚特兰大、华盛顿和芝加哥等地协作——那就是一个复杂得多的问题。要看建筑类型、建筑规模、团队规模才能确定这件事情的难易程度。

我们有些高级员工在内部看到屏幕上少得可怜的内容，简直不敢相信有任何进展。当然，到了出图的时候就像帽子里变兔子一样——出现了神奇的成果。之后经过了一段时间才达到令人放心的状态。这是观念的问题。他们会要求打印一套图，然后看到图时觉得恐慌。但团队知道信息在里面。它们只是没有全部显示出来。

我们学到的另一件事是，BIM 流程有不同的受众。有技术协调员负责检查图纸是否完整。我们是否记录了建筑所需的信息。但在早期阶段，设计师希望看到的是完全不同的东西。设计师会生气，是因为我们没有把项目流程从头到尾想清楚，并为设计师提供设计决策所需的视图。要确保与设计团队充分沟通，让他们看到想看的。当一个设计师说"我想看一套图"时，这和一个技术协调员希望看到的是不同的。那是一个模型的两个不同结果，要确保考虑到了所有的人。设计师是利益攸关方，负责图纸的技术人员同样是。他们有不同的工作。

公司曾经认真考虑过不在 BIM 环境中工作吗？坚持到所有的互用性、法律和责任问题得到解决之后吗？

RN：没有，从来没有。

IPD 被看作 BIM 技术推动和实现的流程。P + W 做过 IPD 的项目吗？你见到有用户询问这些吗？你如何看待作为未来交付方式的 IPD？

RN：我们只是刚刚踏进 IPD 领域。我们有几个关于使用 IPD 的建议。作为一家公司，我们绝对认可 IPD。我们称它为"项目交付的创新"。改变设计 – 招标 – 建造的文化并进行转型不是一件容易的事。我有 McClier 设计 – 建造文化的背景，所以我早就习惯了。对我来说，它是很有意义的。

这确实会和我们作为一家设计公司的理念冲突。一个标志性设计公司应用 IPD 是有点紧张。 116
IPD 是未来。我们正处在行业的十字路口。建筑师在 AEC 行业的角色如今要迎头赶上。对我们有利的事情现在有两件：BIM——我们并非走在承包商的前面，但我们中有人在紧跟——以及可持续性。对我来说这两样东西创造了一个完美的风暴，让我们与客户可以谈论项目的生命周期。IPD 让你可以谈论整个供应链。这意味着什么？设计 – 辅助？共享模型？依赖权的问题？那我们该怎么解决呢？建筑生命周期成本的百分之七八十在运维。但这个问题很难与坐在屋子里的招牌设计师或是不怎么关心设施管理的人沟通，他们觉得这个问题会砸牌子。这我们该如何处理？另一方面是承包商或物业管理员——他们乐意与业主讨论这种服务。这些都会维持关系，并带来收入。

作为建筑师，我们的命运掌握在自己手里。但是，我们必须抓住 BIM 和可持续性这个时机，让业主深入了解我们的价值，知道我们能做建造商做不了或还没做的事。现在的危险是，建造商雇的建筑师比建筑师聘的还多，我们正在被（建造商）吸纳。我不认为这是恶意的，也不觉得应该对他们有敌意。建造商的理念就是要关注客户。我们的客户需要这些东西。如果没有人提供它，承包商就会去做。如果这意味着建筑师不去为此竞争并服务客户，有人就会去做。我不能指责承包商这么做是错的。这意味着如果我们想保持与业主的关系，并与建造商成为平等的伙伴，那么我们一定要走上前，关注客户。这就是为什么我认为面对 BIM 和 IPD 将头埋进沙子里不是生存的策略。如果你都没有和建造建筑的人沟通，你怎么能确信充分了解了设计的决策呢（图 4.14）？

今天每个人都想事半功倍。与此同时，似乎一些设计专业人员使用的程序的每个新版本都会增加新的功能——换句话说，事倍功倍。你如何处理所用技术不断提高的复杂性——有人还说这是毫无裨益的？

图 4.14 明尼苏达大学医学生物科学大楼外观图片（©2009–2010，P+W 保留所有权利）

RN：这是一个真正的挑战。如果你去看我们要做的事情——什么都有。我们要改为笔记本电脑和蓝牙耳机的工作方式。你可以去任何地方，而不是被捆在工作站或办公室。问题是，在给定的时间内我们能给用户带来多少变化？他们可以吸收多少变化而不抵触？这真的需要总结。我们的用户真正想要的是简单、可靠和快捷。如果我们可以让软件开发人员专注于简单、可靠和快捷，我们就会有很多满意的用户。这是我们真正的困境。我们在这些企业协议上进行投入，因为它们代表了一定的价值，并为我们简化软件的授权许可。一个新版本的软件出来后，我们看着它说，我们一年前就已经作了这个修改。你看了看这个修改的价值，然后说：也许我们不该这么改。你开始放弃更新，然后开始失去价值。从经济的角度看，每一次放弃修改都会失去价值。

借助 BIM 和其他相关技术，你如何在自己的位置上为 P+W 这种多元化的大公司创造和沟通价值？

RN：BIM 的价值主张是它具有多面性。我们最初的卖点是缩小团队规模，减少完成等量工作所需的时间——这些足以赢得 Phil 的重视。我们还有一些成功实现的案例，一些项目带来了实际的盈利。但这些都不是复杂的、多个办公室的大型团队项目。竞争力是另一个问题。

117 我们接到的标书没有不要求 BIM 的。现在我们已经看到 IPD 的兴起。所以，如果我们要与同级别、甚至规模更小的公司竞争，就要在所有层面上做好准备。所以，我们要以杰出的 BIM 背景登场，不只是可持续性，还有领先可持续设计的背景。我们有一个绿色运行计划，而绿色 IT 是绿色运行计划的一部分。我们已经在这方面做了很好的工作。我今年的目标是让我们实现 BIM 和 IPD 的领先地位——让业主和同行看到。因为我们的自我衡量在一定程度上也要参照同行的自我衡量。我敢说，在这两件事上我们处在前沿。

从国家的经济现状看，一些公司已经由 IT 人员承担更多的项目工作，并得到更多的工时收入。你也观察到这个趋势了吗？

RN：我们的 IT 人员没有做很多的项目工作。我喜欢项目工作的方式，因为它让人们更了解办公室的动态。我个人很愿意花时间在项目上，看他们在哪些方面努力，哪些事情做得很好。我要求员工尽可能多花时间在项目上。

我们 CIO 头上有很多帽子。我关注营销，也关注数据转换。为成为工作有效的 CIO，你必须有整体思考。你要思考运行、沟通和领导力。最重要的就是优秀的人才可以托付工作。

——Rich Nitzsche

接下来的问题是 CIO 的战略作用。过去 CIO 被认为是幕后工作者。最近几年，CIO 愈发走入视野，有的甚至达到 CEO 或者副总的位置。你职位的哪些特点——尤其在利用技术工作方面——对公司领导和策略产生了影响？ 118

RN：Phil 总是希望我更具战略眼光。我们 CIO 头上有很多帽子。我关注营销，也关注数据转换。为成为工作有效的 CIO，你必须有整体思考。你要思考运行、沟通和领导力。最重要的就是优秀的人才可以托付工作。对于营销，我喜欢与客户交流的机会。谈论 BIM、IPD 以及和客户有关的事。我们在一起会给客户信心，从而向前推进项目。

大型建筑公司的 IT 领导者所面临的个人的和专业的挑战是什么？

RN：人才。特别是设计应用程序方面的。

你是否认为 BIM 最终会实现协同工作流程，还是 CAD 的下一步？

RN：有人问我，你需要 BIM 来实现做 IPD 吗？不。不需要这些东西就能实现 IPD。BIM 可以提升协同工作流程，把它带到另一个层次。但我不认为这是根本性的。你必须有意愿合作。如果你没有意愿合作，就不会去合作的——而我也不在乎你为此投入了怎样的技术。我们在招聘时会讨论亲密关系，包括与 IT 人员和地方办公室的亲密关系。我们并不是总能把握得好。这也并不总是协作的问题，但如果没有良好的关系，很难达成良好协作（图 4.15）。

你当初怎么确定 Revit 对于 P+ W 来说是正确的选择？

RN：当初 Revit 和 ArchiCAD 是并驾齐驱的，直到最新版本的 ArchiCAD 出现。现在的

图 4.15　美海岸卫队总部外观渲染（©2009-2010, P+W 保留所有权利）

ArchiCAD13 已走在前面。假如在我们决定用 Revit 的时候有 ArchiCAD 13，那就很可能选择后者了。但并非如此，所以我们利用了现有的投入成果，继续用 Revit。

有些人坚持认为他们无法用 Revit 设计。其他的新设计师说他们要做的东西有 95% 可以用 Revit 完成——这些设计师把它作为个人的追求，会尽力克服困难，使 Revit 为建筑师的意志服务。随着这些人的出现，我们就会利用"同行压力"。话虽如此，我们不能太固执，于 Revit 说不能用 SketchUp 和 Rhino 去表达设计理念。我们会遭到公开反对的。

119 **回顾你的职业生涯，你有没有在什么技术或软件上投入了时间和资源，最终却没有得到预想的结果（Autodesk Architectural Desktop 很遗憾地被认为是条死路）？你目前在 BIM 上的投入是否也会有类似的结局——或由此带来的缺憾？**

RN：每个人都有自己"摆件"的经历，我们都有很好的技术履历。拥有软件的前提是有人使用。有时 IT 技术会超越时代，实现尚无实际需求或者受众的功能。我们曾经有各种各样的功能，但没有真正推动它的支持者。我们最终赢得了领导来推动这些决策。当然也有很多关于成本和实施目的的问题。而这也是健康的。多年来，IT 技术一直在推进——"我们知道什么是最适合你的。"现在我们已经有了有要求、在拉动的领导——这在我看来是更健康的方式，并已出现在运营、资金、设计和技术的群体中。

IT 中有多少是关于技术的，又有多少是关于交流的？ IT 真的是技术问题么，还是其他的问题——比如提高生产力、项目交付、投资回报率或商业结果？

RN: 在很长的一段时间里，IT 太过于技术化。我们在交流方面做得不是很好。有时候我觉得需要一个 IT 公关部门。大部分人不知道我们有个 800 免费电话号码——所以假如他们在
120 现场，只要需要就可以跟我们联系。我们需要更好地传达可以实现的工作以及我们的能力。在提高传达信息效果方面，IT 还有一条漫长的路要走。

随着这么多企业以 BIM 和整合设计作为自己的竞争优势，这种优势似乎会相互抵消。P+W 显然感到了经济的影响，但它似乎在整体上受到的影响小一些。P+W 在采取怎样的措施使自己在竞争中脱颖而出？

RN: 我们能与其他企业区分开来是因为多元化。我们的全球化达到了史无前例的水平。在这场风暴中，合作伙伴 Dar 是我们胜出的一个巨大因素。我们专注于设计品质、专业技术、产品质量与创新。我们招募志同道合的人，而 IT 部门要对这些事情做出回应（图 4.16）。

与 CAD 不同，BIM 要求操作者懂得如何把建筑逐步搭建起来。作为一家设计公司，这将会带来什么样的问题？是否存在企业缺少建筑技术人员的担忧？或者从公司文化的角度看，BIM 是否会扼杀 P+W 的设计？

RN: 九年前我加入公司时，我们正在走精品路线。我们并没有完全达到所期望的技术水平。我们已经意识到这一点，并在我加入公司前就已倡议解决。我想说的是，现在我们总在提全程服务，这并不意味着我们只是把项目做到 SD 阶段，然后把方案移交出去——我们还在这样做。但我们更倾向于全程服务——这不仅有收益方面的原因，还因为它可以保持作为建筑师的技术实力和技术特色。我们并不认为技术建筑和设计之间有根本的区别。如果有任何障碍，我们一定会突破。设计师感兴趣的东西，技术团队同样感兴趣。我们要确保这些东西不会成为孤岛。这与我们努力的目标背道而驰。今天，做一个精品公司已不是生存之道。世界上会有一些精品项目，但数量不足以让精品公司的商业策略走下去。我们对什么是真正的设计师和建筑师有更全面的看法（图 4.17）。

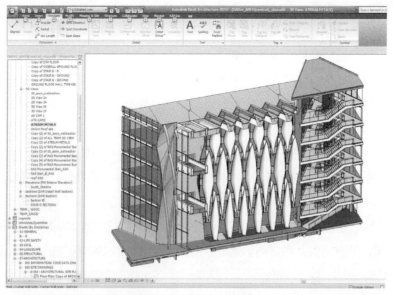

图 4.16　室内中庭剖面研究——DAR 总部（ ©2009–2010，P+W 保留所有权利 ）

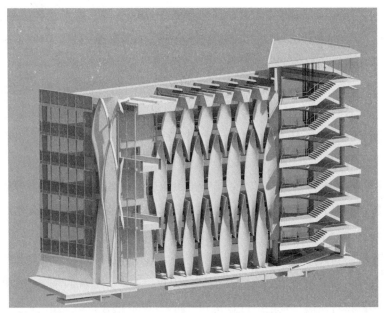

图 4.17　室内中庭剖面研究渲染——DAR 总部（©2009-2010，P+W 保留所有权利）

122　　2006 年，参加完全国建设用户圆桌会议（CURT）之后，你在"CURT 备注"中写到，参加完会议之后你产生了这样一个认识，你所在的以建筑师为中心的 AEC 圈子在整个建设领域似乎非常渺小。而包括你在内的建筑师很容易认为大部分建成环境都与你息息相关。"但事实并非如此，也没有那么广泛的联系。"你写道。同样地，施工业律师 Barry B. LePatner 指出，"美国建设项目中由建筑师设计的不足 5%，这个触目惊心的统计表明这个职业已被严重边缘化。"你是否认为建筑师利用现有技术工具与整合工作是在提高行业相关性并回归整个建设过程中心地位的手段？相对你第一次提出看法时，你是否觉得数字化设计工具在今天与这些目标的实现关系更紧密了？

　　RN: 针对第一个问题，是的，毫无疑问是这样。针对第二个问题，是，但只是逐步的。数字化设计工具仍然有很长的路要走。其中我们关注的一点是可否审计。我希望能够对模型进行审计。可审计性带来依赖权。关于模型的可靠描述是什么？让我们再回到建筑数据生命周期的概念上。如果我要交给承包商一个模型而不是一套图纸，我能给他的预期提供哪些可靠的信息？对此我要在合同中如何表述？我们在努力寻找为 BIM 环境提供可审计性的方法，使它不只是冲突检查。今天你去和承包商介绍模型——不管你说得如何好，他们都会丢弃它。对他们而言，你的模型不值那么多字节。他们还是会从零开始搭建。他们需要模型告诉他们如何去建设。如果我们还在做 20 层高的柱子，他们会继续说我们的模型是垃圾。因此，我们必须与承包商交谈，了解他们如何建造。这意味着我们必须转换搭建模型的思路。我们不希望它成为设计的障碍，但如果我们要提供一个模型，我们就得清楚它有什么用。IPD 会让它成为现实（图 4.18）。

在 P + W 公司的重点竞争力中，IT 今天的地位与十年前相比如何？

123

RN: 我们正在努力以某种形式来改变 IT 苦口良药的地位，而是把它作为一种竞争优势。我们希望让这种观念成为过去。这是一场艰苦的战斗。我们越靠近项目和项目团队，IT 与承担工作的人的关系就越密切。当你在看 IT 团队的时候，里面有多少人在做水暖，又有多少人在维护用户和他们使用的应用？水暖方面的人多年来一直高得不成比例。我们也将重心慢慢转移到最终用户、应用程序和给予人更多话语权上。

在当前和未来的发展趋势与创新中，哪些你关注的可能会改变 P+W 及其工作和运行方式？

RN: 这是 IT 业正在发生的事。这也是我在倾听，接收和关注的。

现在有云计算——可以通过构建个人云和多重个人云来确定公共云的内容。还有虚拟化。桌面虚拟化。当你搬公司的时候，它会如何影响你的新办公室？这对于应用程序又意味着什么？绿色 IT——在绿色问题方面，我们如何在一个盒子中装下更多应用程序？还有一些容量问题开始让我担心。人们建了庞大的数据中心。但他们不知道如何为这些设施供电。还有趋同的问题。（大规模）商品与我们的个性之间关系如何？我认为是设计应用程序的空间表达了我们的个性。还要找到在内部使用 iTunes 的方法而不让安全人员发飙——让我们有更便捷的方法传播播客。还有高保真问题。我们需要更好地交流并减少出差。再就是社交媒体。如何控制访问？如何管理？还有实现完全无线的网络。以及安保问题——特别是办公室的来客。最后，电子游戏会成为未来的模式。

图 4.18　北卡罗来纳大学医学院影像研究大楼室内渲染图（©2009-2010，P+W 保留所有权利）

注释：

1. James Vandezande, AGC BIM 论坛评论, 2008年10月8日, allthingsbim.blogspot.com/ 2008_10_01_archive.html.
2. BIM Journal, "BIM Explained", 2009 年 2 月 1 日, www.bimjournal.com/2009/02/bim-explained/.
3. Lachmi Khemlani, "AIA TAP 2007 Conference" 2007 年 12 月 11 日, www.aecbytes.com/newsletter/2007/issue_31.html.
4. Phil Bernstein, 作者访谈, 2009 年 10 月 15 日.
5. Lance Hosey, "All Together Now Collaboration is the Key to Innovation," Architect, 2009 年 10 月 6 日, www.

architectmagazine.com/sustainability/all-togethernow.aspx.

6. Dan Hill, "The New Engineering: A Discussion with Arup's Tristram Carfrae" 2008 年 3 月 31 日, www. cityofsound.com/blog/2008/03/thisdiscussion. html.

7. Khemlani, "AIA TAP 2007 Conference."

8. Aaron Greven, 作者访谈, 2009 年 8 月 25 日.

9. Kristine Fallon, "Interoperability: Critical to Achieving BIM Benefits", 2007 年 4 月, aiawebdev2.aia.org/tap2_template.cfm?pagename=tap_a_0704_interop.

10. www.wikipedia.com.

11. BIMManager, "Five Fallacies Surrounding BIM," July 1, 2009, www.bimmanager.com/2009/07/01/fivefallacies-surrounding-bim-from-autodesk/.

12. McGraw-Hill SmartMarket Report 2007.

13. Bradley Beck, 作者访谈, 2009 年 11 月 10 日.

14. Patricia R. Olsen, "For Writing Software, a Buddy System," 纽约时报 (2009 年 9 月 1 日), www.nytimes.com/2009/09/20/jobs/20pre.html.

15. Joann Gonchar, "Transformative Tools Start to Take Hold," Architectural Record (2007), construction.com/CE/articles/0704edit-1.asp.

16. Beck, 访谈.

17. 同上.

18. www.aecbytes.com.

19. "From the Editors", 2007 年 9 月 15 日, www.di.net/news/archive/from_editors/.

20. Mimi Zeiger, "Role Models: A Digital Design Guru at SOM Looks to the Future of BIM," Architect, 2009 年 1 月 17 日, www.architectmagazine.com/bim/role-models.aspx.

21. Edgar Schein, "Organizational Culture and Leadership," 见 : Classics of Organization Theory (沃思堡 : Harcourt College 出版社, 1993), 373 - 74.

22. Patricia Williams, "Managing Cultural Change Poses Challenge as BIM Gains Traction," OGCA 论坛, 2009 年 5 月 8 日, dcnonl.com/article/ id33677.

23. Steve Watt, "BIM Ushers in a Culture of Collaboration," 2009 年 10 月 20 日, www.reedconstructiondata.com/construction-forecast/news/2009/10/bim-ushers-ina-culture-of-collaboration/.

24. 同上.

25. Laura Sherbin and Karen Sumberg, "Bulldoze Your Cubicles for Better Collaboration," 2009 年 8 月 20 日, blogs.hbr.org/hbr/hewlett/2009/08/bulldoze_your_cubicles_for_bet.html#.

26. Yanni Loukissas, "Keepers of the Geometry: Architects in a Culture of Simulation", 第一届国际批判数字内容大会 : 什么最重要？, 2008 年 4 月 18-19 日, 哈佛大学设计学院, 剑桥, 麻省.

27. Yanni Loukassis, 作者访谈, October 15, 2009.

28. 同上.

29. Khemlani, "AIA TAP 2007 Conference."

30. Steve Carroll, 回 复 "BIM When Will It Enter 'The Ours' Zone," 2008 年 7 月 24 日, http://www.aecbytes.com/viewpoint/2008/issue_ 40.html.

31. Jim Foster, "Labor Productivity Declines in the Construction Industry: Causes and Remedies," 2009 年 6 月 10 日, frombulator.com/2009/06/labor-productivitydeclines-in-the-construction-industry-causes-andremedies/.

32. Khemlani, "AIA TAP 2007 Conference."

33. Beck, 访谈.

34. 同上.

35. 同上.

36. Mike Whaley, "There is No I in IPD!" 2009 年 5 月 20 日, www.aecbytes.com/viewpoint/2009/issue_45.html.

37. 同上.

38. Elizabeth A. Chodosh 与 Gary T. McLeod, "Collaboration and Large Project BIM Imple-mentation with Revit," (欧特克大学, 2008 年 11 月 11 日), au.autodesk.com/?nd=class&session_id=2763.

39. Lauren Stassi, ""Extreme Collaboration Interns in a BIM World," 德州建筑师协会 /AIA, 2009 年 9 月 22 日, texasarchitect.blogspot.com/2009/09/guest-blog-extreme-collaboration.html.

40. Beck, 访谈.

41. Greven, 访谈.

42. Joanne G. Linowes, "BIM : New Era for Design =New Era for Communications", (会议发言, AIA 大会, 旧金山, 加州, 2009 年 4 月 30 日).

43. Patrick Aragon, "Reinventing Collaboration across Internal and External Project Teams," 2006 年 9 月 14 日, www.aecbytes.com/viewpoint/2006/ issue_28.html.

44. Inga Saffron, "City's Green Groundbreakers," Philadelphia Inquirer, 2010 年 1 月 17 日, articles.philly.com/2010-01-17/news/25210169_1_designfirms-celebrity-architects-architects-focus.

45. David H. Hart, "Developing Trusting Collaborative Relationships" October 25, 2007, blog.aia.org/aiarchitect/2007/10/developing_trusting_collaborat.html.

46. Nadine M. Post, "Integrated-Project-Delivery Boosters Ignore Many Flashing Red Lights," 2010 年 5 月 6 日, archrecord.construction.com/news/daily/archives/2010/100506ipd-2.asp.

47. Jarrod Baumann, "How to Play Nice: Sharing Revit Models," 2009 年 4 月 22 日, www.designwesteng.com/blog/?p=54.

48. 同上.

49. Brad Hardin, "Composite Model Strategy," 2009 年 3 月 21 日, www.bimcompletethought.blogspot.com.

50. Mark Sawyer, "One versus Multiple Models – or– Should We PolyModel-Doodle-All-The-Day?" 2008 年 10 月 10 日, www.vicosoftware.com/blogs-0/the-agenda/tabid/84418/bid/6919/2-One-versus-Multiple-Modelsor-Should-we-PolyModel-Doodle-All-The-Day.aspx.

51. SmartMarket Report on Building Information Modeling (BIM), McGraw-Hill 2008, www.construction.ecnext.com.

52. Nigel Davies, " (Mis) understanding BIM," 2007 年 3 月 26 日, www.biscopro.com/index.php/interesting-information/interesting-articles/33.html.

53. Gonchar, "Transformative Tools Start to Take Hold."

54. Paul Doherty, "Technology Back-to-Basics Advice," www.di.net, 2009.

55. Patricia Williams, "Managing Cultural Change Poses Challenge as BIM Gains Traction,"," www.dcnonl.com, 2009.

56. Laura Handler, "BIM Claims," 2010 年 1 月 18 日, bimx.blogspot.com/2010/01/bim-claims.html.

第 5 章

BIM 与整合设计

建筑和施工行业的专业人士正在缓慢地融入整合设计的潮流。本书的一个目标就是改变这种状况。

在给业主推销整合设计方法之前，需要充分了解整合设计需要什么。如果学习的最好途径是反复试验，那么本书的目的就是使这些错误——以及带来的痛苦——降至最少。本章主要对整合设计做简洁但深刻的概述。

BIM 与整合设计

为什么是 BIM 与整合设计？难道 BIM 不是一个巨大的话题，不需要有另一个同等复杂的话题来证明或补充吗？BIM 产生于 IT、CAD 和设计的文化，而整合设计出自另一种文化：它们共同形成一种协作文化。整合设计有不同于 BIM 的文化，一个涉及环境、高性能设施建设、流水线化、精简和精益化的文化；一个关于效率和流动性的文化；一个

图 5.1 将一个非行业标准的工作流程用混合器引入 Revit 中实现量化的结果（资料来源：Zach Kron, www.buildz.info）

旨在事半功倍且对业主有益的文化。

128　　BIM 和整合设计都是过程，并在学习和体验之后，很容易看到它们是相辅相成的。BIM 技术使整合设计成为可能，并与它完美搭配。

　　正如"一切上升的事物必然会有交点"，随着时间的推移，BIM 和整合设计也将产生交点，且这两个领域的重点会合二为一——相互依存，不分彼此。当那一天来临时，整合设计将成为 BIM 不可或缺的流程。

　　引导整合设计团队的是互相信任、信息共享、协作和透明，团队的成功就等于项目的成功。因此他们会为了项目的利益充分利用现有的技术（图 5.2）。

　　整合设计不会随 BIM 应用而出现，但与其他人合作的能力预示着 BIM 应用的成功。

　　正如 Phil Bernstein 所写，"BIM 实施的发展伴随着协作与项目信息共享的意愿而出现，转向行业广泛谈论的整合实践。"[1] 这种协作的能力不仅是一种天赋和技能，而且是一种思维方式和态度。

BIM——推动者

　　事实上 BIM 和整合设计是齐头并进的。二者相辅相成——技术带来了流程，使其成为可能甚至必需。现在对实现协作流程的建筑模拟和性能工具是有需求的。BIM 和整合设计共同协助设计专业人员实现他们最终的目标：精心设计的建筑运作正常，向业主提供预期的结果，高性能的建筑使所有相关的人受益，甚至包括以后的人。有些人甚至认 129

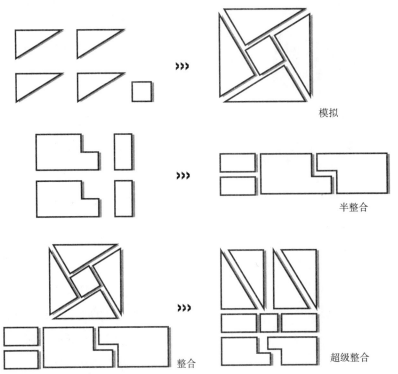

模拟

半整合

整合

超级整合

图 5.2　向更全面整合的转变 [资料来源：Bryan Lawson, How Designers Think, 4th ed. (Architectural Press: Oxford, UK, 2006), 226-27. 其中 "semi-integrated" 和 "super-integrated" 来自："Preparing for Building Information Modeling", Guidelines for Improving Practice 35 (2)]

为整合设计是建造高性能建筑的前提。由于重要成员早期便参与其中，整合设计能确保每个人都在同一层面，在同一个时间，朝着同一个目标，实现同一个结果。

BIM 为整合设计团队提供项目可视化、设计性能分析、规范检查、建筑系统干扰检查、工程量估算和施工方案落实的功能；同时 BIM 使业主能通过全项目周期建模来维护管理设施。

BIM 带来的整合设计

建筑信息建模技术让整合设计发展起来，鼓励设计和施工队之间共享信息，并为之提供了手段和渠道。

参加整合实践／项目研讨会的每个人都看到了一张图：建筑信息模型（BIM）位于一个交易环的中心。这张图体现出一种新的商业流程，而模型存储了建筑生成或运行所需的全部数据。这个模型面向一个巨大群体接收和发布信息，包括专业人员、租户、维护工人、应急人员等。图中描绘了一个假想环境，其特征是将整合制造过程叠加在施工行业活动上。设计工具 BIM 取代了位于整合制造过程核心的项目周期管理软件。*

* Barbara Golter Heller，"Red Business，Blue Business"，2008 年 5 月 30 日，http://www.di.net/articles/archive/red_business_blue_business/

定义整合设计

术语的确会令人困惑。现在有："整合设计"、"整合式设计"、"整合建筑"、"整合设计流程"、"整合实践"（IP）和"整合项目交付"（IPD）。以最简明的方式说明 IPD 和本书主题的区别便是：IPD 是一种交付方法；整合设计（ID）是一个更大的概念和过程，包含 IPD 而不考虑合同属性。

整合设计可以理解为"一种强调整体设计发展的建筑设计协作方法"。[2] 这个定义唯一的问题是它用一个术语的定义取代了另一个术语——整体设计，而撰写本文时，它并没有现成的定义。它的含义是明确的：整合设计是整体性的，所有利益相关者从最初阶段就开始参与，每个人都为后续项目完成的决策作出贡献。它的整体性在于每个团队成员的观点都会予以考虑。此外，这些决策是根据所有预先共享的信息做出的——而不是以传统的线性方式，让每个单位维护和控制自身的信息发布。

130

同时工作并不意味着协同工作——比如拉斯维加斯城市中心的设计团队。同时工作意味着工作在同一时期发生。

整合意味着组合或协调独立的元素，以提供一个和谐、相互关联的整体，其组织和结构能使各个组成单位合作运行。[3]（图 5.3）

多学科团队不应与整合设计的协作流程相混淆，也不能取而代之。在这个语境下，整合意味着：

- 组合或协调独立的元素，以提供一个和谐、相互关联的整体。
- 通过组织或结构使组成单位合作运行。

众包设计和施工

整合设计的反面是封闭、孤僻、单独的工

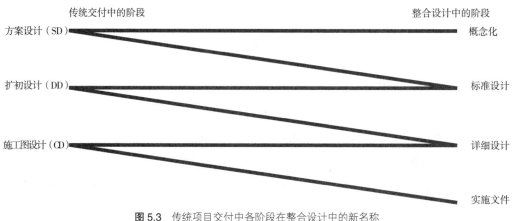

传统交付中的阶段   整合设计中的阶段

方案设计（SD）   概念化

扩初设计（DD）   标准设计

施工图设计（CD）   详细设计

                                                            实施文件

图 5.3 传统项目交付中各阶段在整合设计中的新名称

作。假如真的像 Ernest Boyer 所说，"未来属于整合者"，那么过去就属于线性思考的人，现在属于能够横向和并行思考的人。

整合设计过程从一开始就邀请所有相关方加入策划流程，鼓励——其实是要求——所有利益相关者的多专业参与。再者，整合设计：

● 避免了从业主到建筑师再到承包商的信息传递，让所有人从最初阶段就参与。
● 考虑各方的需求、专业技术和见解。
● 允许每个参与方对项目的各个方面进行评论和影响——每个人都有多项职责。

从第一天开始就让每个人参与意味着不兼容的设计构件和系统，包括各种碰撞，都能更早发现，此时不仅容易作出反应而且调整对进度和成本的影响更小。你可以把它理解成项目众包。

作为交付方法的整合设计

整合项目交付是 2007 年出现的，最初的案例研究收集和传播分别是在 2010 年和 2011

年。很少有人理解的是，整合设计既是一种思维方式也是一种过程和交付方式。

建筑项目可以通过各种项目交付方法来实施。在 20 世纪之前，只有一种项目交付方法：建筑师赢得委托，制作设计和施工图纸，列出所有工时和材料，并监督项目建设。随着建筑师使专业从工艺向职业转变，根据建筑师和工匠之间关系的变化出现了不同的项目交付方法。目前，美国以三种项目交付方式为主：设计—招标—建造，设计—建造和施工管理。[4]

虽然许多承包商和施工管理人员会向业主建议整合设计的方法，但是一些业主并不熟悉这种方法。在这种情况下，建筑师需要告知业主整合设计的好处。

整合设计流程的阶段

在 IPD 中，AIA 的建筑实践阶段（SD，DD 和 CD）改成了"概念化"、"标准设计"、

"详细设计"以及"实施文件"和"项目收购"。整合项目交付方法有八个连续的主要阶段：

- 概念化阶段 [扩展的 "建筑策划"]
- 标准设计阶段 [扩展的 "方案设计"]
- 详细设计阶段 [扩展的 "扩初设计"]
- 实施文件阶段 ["施工图"]
- 机构审查阶段
- 收购阶段
- 施工阶段
- 收尾阶段

"Integrated Project Delivery: A Guide"，美国建筑师协会，2007 年，第一版，http://www.aia.org/ipdg

---

设计—招标—建造正被其他更综合的建筑交付方式取代。

关于项目交付的趋势，AEC 管理咨询公司 ZweigWhite 的创始人 Mark Zweig 指出，尽管传统的设计—招标—建造仍是最主要的项目交付方法，占公司营业额的 60%，但它正慢慢地被其他方法替代。自 2002 年以来，它已经下降了 5 个百分点。虽然设计—建造作为取代设计—招标—建造的交付方法受到大量关注，但取得最大增长的是施工风险管理，由 6.9% 增至 10%。传统的施工—管理占 13.5%，而承包商主导的设计—建造约占 9.6%。建筑师主导的设计—建造被首次单独列出，仅占公司全部营业额的 3.9%。[5]

越来越多的业主、建筑师和承包商从设计—招标—建造的方式转向整合设计或整合项目交付（IPD）方法。

是什么推动了整合设计？

有几个相互关联的趋势正推动着向整合设计的转变：

- 专业设计人士和施工人员承担的责任增大。Mortenson 公司的 Andy Stapleton 说，"市场远比十年前更有竞争力，经济只是一部分原因。按时、按预算交付高质量的项目不再是区分优劣的标准。由于竞争加剧，差距更小且容错的空间更少。通过使用 BIM 更有效地规划工作有助于减轻与商业相关的风险，并带来了新的机会让我们从竞争中脱颖而出。"
- 日益复杂的建筑、建筑系统、团队构成、流程和技术。
- 设计和施工过程固有的低效率。减少浪费和提高效率的期望。
- 业主要求减少冲突、阻力和敌对关系。
- 更高的工作满意度。
- 实现严苛的能源、安全等项目要求和目标。

更好的结果、更低的成本、更少的索赔、更短的时间。还有更完善的信息共享和沟通："一项 NIST 研究表明，由于信息共享不足、流程不连续，施工行业每年会损失 158 亿美元。"[6]（图 5.4）

这个过程由谁推动、由什么推动则是另一回事。谁在推动整合设计，并往往是所有推动因素背后的人？答案是：业主。当美国的施工律师学院的研究员 Howard W. Ashcraft

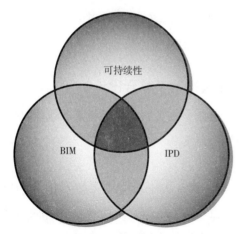

图 5.4 整合设计发生在 BIM、IPD 与可持续性的交点上

Jr. 被问到：假如没有坚定的业主，IPD 流程能否实现？他回答说：

> 不能。它的宗旨就是要有能密切参与项目的业主。如果你去查施工行业学会的研究，绝大多数会指出业主是成功的最大因素。赢得一个积极的业主是非常重要的，不仅对于 IPD，从整体上看对交付项目都非常重要。[7]

总而言之，最好将业主推动的整合设计看作自上而下的过程，而不需要业主推动流程的整合设计可以看作自下而上的过程。

实践的挑战：IPD 的推动者

是什么行业问题推动了整合项目交付的趋势？多种力量的融合似乎正在使 AEC 行业根据经济、生产率和业主当前的设计要求朝着整合的方向前进。这些问题包括以下内容：

- 面向全球化工作流程的转变：建筑产品供应链愈发全球化，使得成本预测更加复杂，对建材的需求更不可预测。外包和人口迁移也在使劳动力全球化——因此需要与协作过程有关的新能力，并创造了新的全球竞争者。

- 提高生产率和降低利润率的需求：施工效率下降削弱了建设项目实施的可靠性和利润，并影响了建设成果的可控性。

- 对可持续性的需求：可持续建筑设计的关键在于通过分析、预测和优化设计深入了解施工成果，从而通过减少能源消耗、碳排放和淡水利用降低对环境的影响。因此，可持续建筑标准不断发展，以实现贯穿建筑全生命周期的性能评估。

- 建筑本身增长的复杂性：建设项目自身愈发复杂，其推动力是更奇妙的建筑造型、复杂的供应链、新的项目交付标准、法规条件、大型项目专家间的互动，以及业主的需求。

来源：Autodesk 白皮书，"Improving Building Industry Results through Integrated Project Delivery and Building Information Modeling"，Autodesk，2008 年

整合设计的前提条件

整合设计成功的前提条件包含以下内容：

- 所有团队成员和利益相关者共同合作。
- 从一开始就无条件地信任。
- 完全透明的信息共享。
- 共同的风险和回报。
- 情商和社交能力，包括管理消极的情绪和调动团队活力。
- 监督组织行为。

整合设计的原则

保持简单，保持真实。
——Finith A. Jernigan, BIG BIM, little bim

更多的设计时间意味着更少的施工时间。

有时简短的语句更容易掌握和回忆——特别是你需要的时候——而不是冗长的言论或相关的解释。它们代表了整合设计的精髓。

当机会出现时，这里还有一些可以派上用场的：

- 缩短施工时间会降低成本。
- 各方为了项目的利益进行合作。
- 项目是第一位的。
- 成果比自我重要。

在首次进行整合设计时，这里有几个概念要记住：

- 建筑师必须学会适应一些风险，并且要每天多接受一些风险，如果他们想在这种环境下生存。
- 建筑师要适应与他人分享设计职责。
- 要有一个执行方担任项目的董事会——至少包括项目的业主、建筑师和承包商——通过协商一致作出决定，而不是命令。
- 没有"等到"。

整合设计是一个非线性的过程。在过去的交付方法中，电气工程师要"等"套管定位后才显示标准面以下的管道；而整合设计中没有"等"。整合设计是协调的，因为它的

运行和决策是与其他方面同步的。

建筑师始终以非线性的方式进行设计。设计过程本身是整合的——不论在教学中以怎样的图示描述这一过程，建筑师都不会用线性的方法设计。建筑设计师必须尽力维持各方面的连续运转——无论是设计一栋房子还是高层建筑——关注建筑的朝向和选址、预算、政治利益、规范的要求、公司的定位、风格的偏好、客户的倾向、电梯的数量和位置，所有这些都必须与上方的屋顶洞口和下方的停车场协调好。

将整合设计分解为组成部分

为了解整合设计的组成部分，你必须首先明确整合项目交付的基本原则。整合项目交付的基本原则是

1. 相互尊重和信任；
2. 互利互惠；
3. 协同创新与决策；
4. 主要参与者的早期参与；
5. 早期确定目标；
6. 紧密策划；
7. 开放沟通；
8. 合适的技术；
9. 组织和领导。

这些就是基本原则——不言而喻，无可争辩。在这些 IPD 基本原则之外是整合设计的原则、决策的协议，以及在设计过程早期确定并认可的项目总体目标。主要参与方——包括利益相关者和设计专业人员——需要在早期就参与，这时他们对交付最高效的建筑的贡献最大。

虽然合同仍是流程的必要部分，但是它

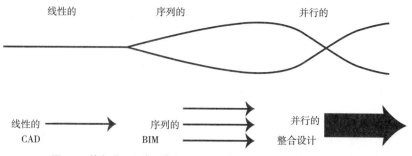

图 5.5 转向项目团队工作流程——支持 BIM 与整合设计的协同工作

在本质上是某种关系的最后一步：信任的建立先于合同的起草，它将团队成员的内在关系正式确定下来（图 5.5）。

135　　开放和"改善"的沟通：所有团队成员的沟通——无论位置或职位——都必须便于实现。"增加沟通对信息的直接、双向流动是很重要的。决策使之达到一个新的水平，因为在 IPD 中我们要求人们承担一定的风险：进度成本、质量等。不给人们对风险的控制就很难做到这一点，而这就意味着联合决策。"[8] 虽然 BIM 团队的选择更多地依靠之前的 BIM 经验而不是人际关系，整合设计协议源自以共同经验、熟悉和信任为基础的既有商业关系。

额外建议：

● 让业主、建筑师和承包商作为核心团队；这就取消了传统的建筑设计师和建筑记录师角色。在整合设计过程中，当在 BIM 环境中工作时，建筑师的职责从设计原创师和独立专家转变成数据、信息、知识和工作流程的战略协调者。

● 不要让技术成为你的目标，而要适当利用现有技术。

● 在整个项目生命周期中优化有效性和效率。

● 从项目策划到施工（及其以后）阶段保持团队的完整。

● 让每个团队参与者的动机与项目的总体成果和成绩一致。

● 努力不断改进流程。

● 选择愿意协作并共享项目信息的团队成员。

整合设计的预期结果

为什么要协作？为什么不以你一直以来的方式做这些工作？除了旧方式不能带来建筑业主期望的成果之外，整合设计中的协同工作：

● 提高了实现业主项目目标的可能性；

● 优化了进度和项目的时间框架，消除了进度浪费和时间拖延；

● 通过进度优化和系统协调降低了项目成本，减少在现场的变更，避免在成本最高、最易出错时返工；　136

● 按照（各专业）共同的目标提高交付项目的质量；

● 使设计和施工之间的信息共享流水化；

● 加强团队的沟通、协作和凝聚力；

● 在最有效的时候提供要交换的信息；

● 提高设计和施工团队的工作效率，在需要的时候提供正确的和最佳的信息；

- 缓解建筑师、承包商和业主之间的矛盾，并消除其敌对关系；
- 通过让所有人更好地了解工作流程创造一个更安全的工地；
- 将建筑构件整合为综合性的整体。

整合设计的目标

项目总体目标

可达性目标

美学目标

成本效益目标

功能目标

翻新 / 重建 / 保护目标

生产力目标

安全目标

可持续性目标

也许最重要的是，BIM 与整合设计的结合更容易实现高性能的建筑，而这是大多数项目利益相关者和团队成员共同的目标。幸运的是，BIM 使这一流程——整合设计——成为可能，因为高性能的建筑设计是通过整合设计流程实现的。

许多人认为，绿色建筑最重要的一个方面就是整合设计——在恰当的时间汇集所有适合的团队成员解决正确问题的互动过程。这在根本上不同于传统方法，即建筑师首先提出一个概念，然后要求顾问根据（或围绕）它深化，所带来的可怕结果就像工程师将设备硬塞

进过于狭小的空间。过程的真正改变不是让更多的人加入对话；它还要求建筑师从根本上改变自己的角色。但放弃控制违背了建筑师所学的一切。[9]

克服整合设计的阻碍

业主要求或需要整合设计。现在怎么办？

与你认识的人一起工作。再次重申：对于 BIM 更重要的是，与你组队的人都相互熟悉并能舒适地使用该技术；而对整合设计更重要的是，你信任团队的成员并与认识的人合作。如何调和这两个看似矛盾的情况，将经过很长的时间决定流程的成功（图 5.6）。

建筑和施工行业的专业人员迟迟没有融入整合设计的潮流。为什么呢？有哪些阻碍？

- 沟通。从设计专家研讨会开始。
- 使用模型信息的潜在责任。
- 为工作的数你成本、质量和进度制定标准。
- 透明度——你对开放式工作和对团队成员无保留的舒适程度。
- 项目的整个工期都有成本——直到潜在的收益在项目完成时全部分配。最初的先期工作通常也有成本，并在最后得到回报——

137

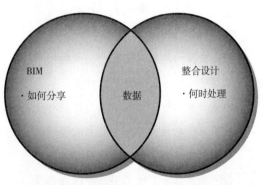

图 5.6　BIM 改变了数据共享的方式，整合设计改变了数据处理的时间点

这是在项目推进的前提下（项目做与不做的问题）一些开发商不愿承担的风险。

- 反常规地在第一天签订合同——而不是在项目设计的同时，与律师反复修改合同，直到发出许可证之前才签字。
- 让设计师接受反常规的负责标准。
- 丢下悠久的敌对关系，以更开明并具有挑战性的方法行事。
- 与团队中其他人协作本身是一个阻碍，因为虽然大多数人都在团队中工作过，但是很少有人知道真正的合作意味着什么，更少有人被要求这样做。期望人合作是很好的——但在设计专业人员的培训或施工人员的经历中，什么时候学习过这样做呢？
- 信任也是如此：要你相信彼此，但怎么才能做到呢？新角色会威胁我们的身份，尤其是在多年敌对关系的基础上。
- 共享信息、保证互用性和保持透明度。
- 责任和义务。

有人问 Howard W. Ashcraft Jr.，"美国法律制度是否已可用于 IPD 和 BIM？"他回答说，

> 合同还在不断完善。我们需要针对 BIM 和 IPD 应用优化合同，这将符合法律的构架。还有一些附属问题没有确定下来，比如职业许可、第三方责任和保险；但我不认为这些都是应用 IPD 的巨大障碍。更大的阻碍是人们长期以来已经习惯了按照这样的合同关系做事。他们不得不抛弃很多东西。[10]

当被问到，"建筑师和工程师是否需要更多地'承担'他们的风险？"Ashcraft 说，

> 在施工过程中让自己脱离责任并与其他各方分隔开的情况已十分严重。这针对不是一个成功的策略。人们更需要接受整个过程的责任，并确保不发生超成本和故障等不良事件。[11]

整合设计与系统思维

在整合设计中，建筑不是一次性建成、由独立的建筑系统组成的、与环境隔离的单一实体——而是一个整体过程的部分，是与它所处环境相互依存的、有生命的部分。

最终目标是让所有的系统和谐、有效、协同地工作，使每个部分都得到增强，又不会因他人的存在受到损害。

决策是结合流程作出的——对上下游都会产生影响。

BIM 与整合设计的常见问题

问：为什么要整合设计？为什么不是整合项目交付（IPD）？它们有什么区别？

答：可以把整合设计看成更大、更全面的类别——包括 IPD 合同和交付方法以及工作流程、社交智商和思维方式。IPD 的重点在于合同和合同关系，是整合设计的部分内容，其中包括团队成员的责任和工作流程的问题。

问："整合"意味着什么？

答：过去的流程是线性的。在没有整合的情况下，决策效率低，并是依次进行的。

可参见本章前文的定义。

问：整合设计与设计—施工有什么不同？

答：设计—施工通常是承包商主导，有时是建筑师主导，而整合设计的核心团队是由业主、建筑师和承包商共同组成的。

问：可以不通过整合设计使用 BIM 吗？或者能不使用 BIM 实现整合设计吗？

答：可以实现二者中的任何一个，但 BIM 能够实现整合设计。

问：整合设计是否意味着向建造大师角色的回归？

答：是，也不是。是，是由于整个团队，包括核心成员、工程师、分包商和制造商，共同形成一个建造大师团体。不是，是因为整合设计团队中没有任何一个人承担这个角色。（详见下一章）

问：整合设计整合了什么？

答：人——他们的天赋和见解、系统、商业结构和实践。在其他地方，"整合式"设计有时用来指永不分解的持续性过程。而整合设计侧重于流程，毫无疑问最终的结果是整合了所有利益相关者、团队成员和技术的设计。

问：谁从整合设计中受益？

答：有一种观点认为，所有人都在为业主牺牲。业主受益最大，其次是承包商；最后是建筑师和设计团队的其他人，如果他们有收益的话。事实上，考虑到时间、信任、透明度，以及每个人付出的大量努力，所有人都身心俱利。谁参与得多，谁获益多——整体效益也越多。对于整合设计，重点是业主——业主的需求——以及最终的结果，即为提高价值和减少浪费而优化的建筑。

问：那代价是什么？

答：建筑师不得不放弃一点自由，因为他们与其他人共享设计的职责。每个人都放弃一点，不仅发挥自己的作用，还在一定程度上替他人考虑；只要他们愿意并能够以他人的角度看待项目并进行决策。如果他们能做到这一点，那么就不仅没有代价，还会受益匪浅。

问：整合设计与可持续性有什么关系？

答：整合设计流程提高了项目成果具备可持续性的可能。因为利益相关者从项目最初阶段就在一起，以积极和协调的方式进行决策——从建筑的选址和朝向到绿色构件的规格。通过利益相关方的早期干预和自下而上地考虑朝向、选址、建筑策划和设计、材料和系统、建筑构件和产品之间如何相互影响的问题，整合设计流程为实现可持续建筑设计提供了策略。相对于可持续性专家的独立工作，整合设计意味着结合团队所有成员见解和经验的整体协作方式。

问：哪一方从整合设计中受益最大？

答：虽然所有参与方都从整合设计的工作中获益，业主通常在经济上的收益最多。其次是承包商，最后是建筑师。但建筑师也有其他更内在的方式从这一过程中获益，从而平衡了各个方面。

问：在整合设计工作中哪一方风险最高？

答：在多方协议中，各方都可能面临新的风险——但各方也共担这些风险。

问：为什么要整合设计？行业中推动变化以及相关专业变革的是什么？

答：不断发展的技术是一个动力。一言以蔽之，就是浪费。业主对更高质量、更短时间和更低成本服务和施工的需求（完美的建筑、立刻建成、全部免费）。

问：仅靠 BIM 就足以解决问题，而不需要其他了么？引入整合设计是否带来了不必要的复杂化？

答：整合设计流程排除了传统上阻碍整体成功的障碍，使工作关系和决策过程简化和流水化。对于用更短的时间、以更低的成本实现更加协调和完备的项目的目标，整合设计是从概念到竣工两点之间的最短距离。

140

访谈 6

Andy Stapleton，莫滕松建设项目开发主任，帮助莫滕松开发虚拟设计与施工（VDC）和建筑信息建模。

Peter Rumpf，莫滕松建设整合施工经理、注册建筑师，经常在业界活动中发言。Peter 致力于以 BIM 和 VDC 促进施工技术的发展。

在与其他专业合作时，你不得不面对的公司文化差异有哪些？

Andy Stapleton（AS）：莫滕松是一家建设公司，其核心原则是以协作和团队合作为基础的。我们公司与 VDC 的应用是天作之合。并不是每个公司都以这样的原则为核心。打破这些障碍并发展团队合作关系，是我们多年来面对的文化差异。

Peter Rumpf（PR）：莫滕松长期以来一直在使用这种技术，因此我们了解它的价值。在与没有亲身体验过其中好处的公司合作时，可能对于使用这一技术是犹豫或抵触的。很多人害怕改变他们几十年来已经习惯了的流程。他们明白用老办法做事的风险。我们工作的一部分就是去说服他们，恰当地使用这项技术可以减少风险。

现在作为一个承包商意味着什么？与十年前有怎样的不同？对想进入这个领域的人，你有什么建议？

AS：市场远比十年前更有竞争力，经济只是一部分原因。按时、按预算交付高质量的项目不再是区分优劣的标准。由于竞争加剧，差距更小且容错的空间更少。通过使用 BIM 更有效地规划工作有助于减轻与商业相关的风险，并带来了新的机会让我们从竞争中脱颖而出。对于考虑进入这一领域的人，我要告诉他们这是极具竞争力的。费用非常紧张——你必须全力以赴。

PR：BIM 和 VDC 对于行业来说真的是巨变。很显然，我们只是在这个巨变的开始，而我认为这些技术将带来建造方式革命的说法毫不夸张。

作为基于模型的施工与虚拟设计和施工（VDC）的先锋，莫滕松几乎完成了一切工作：设计、施工、制造、展望未来。你能想象一个不需要建筑师的未来吗？

PR：作为一名建筑师，我不得不说我不会去想没有建筑师的世界。莫滕松作为建设公司，本质上是建造商。我们非常善于利用技术同所有的利益相关者交流项目的设计意图，但我们不想指定特定项目的设计意图。这是我们核心竞争力何在的问题。我们有许多建筑师员工，他们的职责是整合流程，而不是消除或置换设计的合作伙伴（图 5.7）。

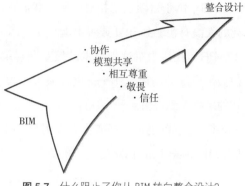

图 5.7　什么阻止了你从 BIM 转向整合设计？

AS：我们在进行设计——建造的工作时，会聘用外部建筑师担任设计师的角色。我们在设计—建造中看到价值的原因之一是我们有内部的专业人员来管理整个流程。在这种情况下莫滕松是合同的持有者，业主是设计—建造者，所以我们有很多风险。但后来我们将某些风险分配给了团队中最能承担这些风险的成员。这包括在项目早期就已整合的设计公司和主要分包商。如果我们试图一切都在公司内部进行，那么我们就会失去某些收益及其带来的价值。我们会为每个类型的建设项目寻找最好的设计师。

141

你在学了很多东西之后才达到今天的水平。为了在当前的技术（或许还有经济）环境中工作，有没有什么要抛弃的东西呢？

AS：之前没有关注协作关系的公司可能要抛弃他们的工作方式。莫滕松并没有这种情况。我们已经在美国建成了相当复杂的建筑。从本质上讲，我们的基础就是这种埋头实干或叫"我可以"的态度——一定会有建造的方法，而且我们会找到建造的方法。我们最希望的就是找到解决方案并共同实现。

之前没有关注协作关系的公司可能要抛弃他们的工作方式。莫滕松并没有这种情况。

——Andy Stapleton

在任何一天中，你所面临的问题有多大比例是人的问题，多少是技术或者商业问题？你看到它随时间的变化了吗？

AS：虽然这是一个有趣的问题，但我不认为你可以将这两个问题分开。即使遇到一个技术问题，这其实通常是由于人与人之间沟通不畅产生的，比如：文件格式、截止日期、服务协调、工作责任等等。一般情况下，我认为 80% 是沟通问题或者由于沟通不畅产生的技术问题，20% 是严格意义上的技术问题，没有与人相关的问题。

PR：时间上的变化很少。BIM 有助于减少误会——它会改善沟通。

除了沟通，你是否看到这种改变还带来了其他的人的问题？

AS：由于这项技术相对较新，我们面临的一个挑战就是，很多在 BIM 出现之前在业内兴起的人没有接触到 BIM 或者不能轻松使用——在很多情况下都是有阻力的。

PR：我认为对这项技术的接受和了解已经越来越好。McGraw-Hill 和莫滕松已经在行业中做了广泛的沟通工作——进行演示和大众普及。不过，业内还是有些人在犹豫，他们对未知的事物感到恐惧。我一次又一次地听到有人要我们证明 BIM 的价值。"有四维模型很好——请告诉我这能赚钱"。还有人要求用数字证明我们所说的东西。在我们开始测算和证明它的价值和 McGraw-Hill《BIM 的商业价值》报告出现之前，我们没有很多客观的数据去证明它的价值。

莫滕松与 McGraw-Hill、Autodesk 合作完成了雕塑"悬罐与苏佩图形"，还与 Skidmore、Owings 和 Merrill 事务所合作赢得了大奖。你与其他人成功合作的秘密是什么？

AS：沟通是任何成功合作的关键。莫滕松善于用最新的技术实现与项目团队成员更好的沟通。

你觉得团队成员用 BIM 和整合设计工作最重要的态度／思维方式是什么？

AS：最重要的态度是"我可以！"——我们投身的这场运动远比手头任何具体工作都意义重大。我们可能会碰到几个障碍，但我们意识到它对于公司和行业的长远利益而言是值得的。我们意识到这会带来真正的改变、真正的效益。

PR：建设行业以保守和规避风险著称。在项目团队成员了解到新技术的工作方式以及对整个项目团队的效益之前，充分协作和新流程的全盘接受都是困难重重的。那些只把 BIM 或 VDC 当做合同中的一个要求去"处理"的人并没有看到 VDC 的真正价值。那些愿意尝试新事物的项目能够从 VDC 得到最大的效益。我们希望有一个乐于创新、能跳出圈子思考的团队。

打破行业多年来习以为常的建筑师、工程师和建造商之间的信息孤岛会是一个挑战。团队成员之间的信任是项目成功至关重要的因素（图 5.8）。

图 5.8 在业主的角度考虑，拼图中所有的条件都应满足

从思维方式的角度看，你们需要对自身作什么改变去适应 BIM 和整合设计的新环境？

AS：Peter 和我两个人都要打破界限，更接近彼此。我要让 Peter 去协调事务，以确保他知道我在做什么。只因为在模型里看起来很简单，并不一定意味着在现场实施也容易。双方都是既有付出也有收获。

PR：由于我现在可以从承包商的角度来看待问题，这种技术更好地定义了建筑师的角色和责任。假如我再去做建筑，会成为比未同建造商合作之前更好的建筑师。我现在能够从文档的角度理解什么是重要的，什么是不重要的；倘若我一直留在建筑师的位置上就永远不会明白这些。

是否可能让学生在校学会它——还是要在实际工作中？

PR：一个出色的建筑实践教授能够完成很大部分教学。话虽如此，我最有收获的时候是 143
给浇筑混凝土的人画图的时候。

AS：即使是最好的教授或最好的学校课程也无法代替实际工作中的压力和紧迫感。有些人对现场的需求是难以置信的积极和敏锐。我虽然鼓励学校去教这些，但在你知道自己有责任之前，它仍只是理论。即使你在课上得了"良"而不是"优"，也没有花掉别人一百万美元。

我最有收获的时候是给浇筑混凝土的人画图的时候。

——Peter Rumpf

莫滕松建设做了一百多个整合实践项目，超过了其他任何一家建设公司。你有哪些重要的收获？你对在整合设计环境中工作的其他人有什么建议？

PR：使用 VDC 带来的工具可以让项目团队以新的方式进行沟通。利用 Navisworks 和 GoToMeeting，项目团队可以更快地解决问题。我建议整合设计团队要确保团队所有成员（建筑师、工程师、施工人员和业主）都理解这项技术并使用它。

莫滕松已经实现了在项目中与设计合作伙伴和分包商更好地协作。相对于 BIM 带来的技术或商业效益，你还看到哪些使用 BIM 带来的社会效益？

AS：我认为 BIM 提高了团队成员彼此间的相互尊重。建造商看到了设计团队在全体团队成员汇总之前努力协调并完成设计时所面对的挑战。设计师也会考虑设计在现实世界中施工的详细和复杂程度。

PR：一个未曾预见的社会效益是在公共活动中使用四维模型。四维模型是一个很好的与业主和公众沟通的工具。我们曾在"市政厅"会议上用四维模型向热心居民解释复杂的项目及其对社会的影响。

你在使用社交网站，包括 YouTube 和 LinkedIn。任何人都可以看到承包商在医院施工现场描述项目愿景，或是项目经理带领记者在新的明尼苏达双城球场参观施工现场。Peter 还在 McGraw-Hill 活动中发言。你是否发现 BIM 和整合设计——技术和流程——都要求你比以前更加外向、社会化和善于沟通？这会是新角色和职业身份对你的要求吗？

AS：完全是。正如我所说，莫滕松是埋头实干的——但在这个时代，埋头并不会出头。我们曾说，行胜于言。如今，我们必须确保我们的声音不比任何人小——事实上我们比任何人都强，因为我们是这个行业的领导者。

144   PR：BIM 管理员这个角色在业界出现还不到五年的时间。这个职位需要良好的沟通技巧。通常情况下，整合施工经理要与各个项目组成员一起工作——从施工执行人到工头——这就需要各种各样的沟通技巧。BIM 管理员职位的工作之一是"传播技术的福音"。能够客观地讨论应用新技术的风险和回报，对于 BIM 经理很重要也很难做到。

BIM 管理员职位的工作之一是"传播技术的福音"。能够客观地讨论应用新技术的风险和回报，对于 BIM 经理很重要也很难做到。

——Peter Rumpf

你是否认为今天的角色定位不再是建造，更多的是帮助人们了解施工的方方面面——要顾全大局，综合各个学科的大量信息——而这也许曾经是建筑师的角色？

AS：我不认为这两者是互斥的。因为我们很早就参与到工作的流程中，所以是沟通设计意图的问题。帮助客户理解这些对于我们的项目建设是至关重要的。通常情况下，建筑施工的问题与理解设计意图是紧密相关的。建筑施工是人们跨学科沟通的问题，目的是集中精力为社会创造建筑。我认为这是所有项目领导人的职责。有时你会发现最活跃的领导人来自建筑领域，有时来自施工领域。最好的沟通者往往是最有效率的领导者。

你如何描述 IPD 项目中的领导角色？通常是谁负责？一般是客户或者业主带头吗？你认为团队不需要中心而是自我领导吗？

AS：IPD 项目中的领导角色因项目和项目交付类型而异。我们的重点更多是在流程上，而不是合同类型。在设计—建造方式这种 IPD 流程中，设计—建造商的项目执行人就是该项目的领导。有一些 IPD 合同项目既不是整合的也不是协作的。虽然可以委托执行团队监督项目，但总是需要一个人领导整个过程。这个人要向执行团队报告。我还没见过一个无中心的团队能有效地工作。最终你还是会需要一个联络人。

PR：在技术方面，IPD 项目中的领导者应当是模型管理员。这一职责从以记录建筑师为领导的设计意图模型管理员（BIM 模型管理员）转变为施工／制造模型，此时施工方面的模型管理员成为关键人。通常情况下，模型管理员有责任协调设计模型和制造模型。对于一个真正的 IPD 项目，建筑师、业主和承包商要协调工作。每个人都要负起他们的基本责任，但大家要合作保证项目各个方面都取得成功。

145   BIM 迫使建筑师与内心的承包商沟通——在初期阶段就像承包商一样思考。你认为对于承包商也是如此吗——BIM 鼓励承包商像建筑师那样思考？还是说一直如此？

AS：BIM/VDC 让建筑师和承包商都去处理施工的现实问题。这里更多的是要求建筑师像承包商那样思考，而不是承包商像建筑师那样思考。这提高了对施工的实际认识。它没有要求承包商参与美学方面的设计。但不是说这是未来的发展趋势。我可以看到它最终将沿着这个方向发展。

当项目团队有能力评估整个建筑真正的数字原型时，一切因素都必须考虑进去。过去，项目的很多东西都是在现场确定的。今天，整个项目都可以虚拟建造为数字原型，让建筑师和承包商考虑表达比典型二维图纸更多的信息。

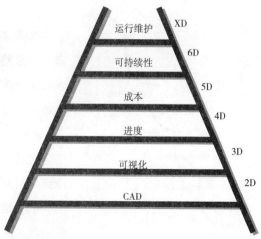

图 5.9　爬上 BIM 的阶梯。怎样使模型在各个层次都能为你服务？

PR：由于项目可视化的改进大大促进了沟通，我们作为建造商的成果能够比这项技术改革以前更加接近最初的设计意图。过去，设计意图未能实现不是因为无法实现，而是因为误解。现在有了这些技术，沟通和理解的水平大幅提高，使我们更容易真正理解设计意图并进行施工（图 5.9）。

十年后，你认为谁会领导这个流程，建筑师、承包商，还是某种组合？

AS：十年后，我们希望项目团队走向以资历为基础的协作，让建筑师、工程师和承包商按照资格和能力进入一个团队，造就卓越的项目。

PR：为完成项目而组合在一起的超级团队。

AS：人们也不会是原来的单位了——从成立有限责任公司的角度看就不是 IPD 了。尽管它是一个整合团队，我还是会去不同的单位寻求各种专业支持。

莫滕松曾以 BIM 与整合设计的成就多次获奖。伊迪丝·金尼·盖洛德基石艺术中心和科罗拉多州奥罗拉的二号研究中心就是其中之一。就像 BIM 让建筑师变成更好的建筑师一样，你觉得 BIM 让你成了更好的承包商吗？

AS：当然。VDC 比二维图纸能让我们更有效地理解项目中相互关联和协调的组成部分。四维又让我们更好地管理进度。从 BIM 的数量汇总看，我们作为一个行业仍处在五维的早期阶段。估算仍更像一门艺术而不是科学。它没有每个人想得那样客观。它不只是要知道砌体墙有多大、多高或有多少个角，以及是否在地下室、地面层还是地上十层。怎么到那里去？所有这些因素都需要考虑。

PR：建立数字原型的能力带来了更高品质的项目。（图 5.10）

146

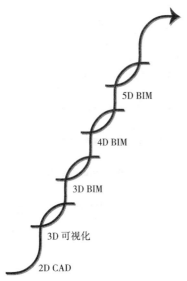

5D BIM

4D BIM

3D BIM

3D 可视化

2D CAD

图 5.10 BIM 与整合设计中的流程可以看作一系列 S 形曲线

有人说互相尊重、信任、信息共享——均为人的因素——是整合设计成功的关键。也有人说，只要需要就可以强迫大家去应用。IPD 是理想化的——但让大家合作是很难的。你是否有时也要强迫别人？

AS：你上面提到的所有因素是任何项目的关键。莫滕松坚持认为 IPD 是一个独立于合同中交付方式的过程。风险施工管理和设计—建造交付方式都可以成为 IPD 合同的内容。关键是要有尊重、信任和共同的目的。在一天结束的时候，有时我们确实需要使用合同中的语言，或为了整个项目的利益"强迫别人"。对于 VDC 来说，这里面的危险更大。当每个人都在参与建模时，你的成功只取决于那个最薄弱的环节：输入信息的团队成员疲惫出错了，或是进度落后，或是不断改变输入的信息——所有这些情况都会对每个人不利。

PR：在我们一些早期项目中，遇到项目团队成员的阻力是司空见惯的。不过，那些开始反对这项技术的人最后几乎都变成了爱好者。

有时人们说，成功协作的最大障碍是承包商不相信建筑师的模型——他们的数据和信息。你同意吗？

AS：不同意。

PR：设计模型的依赖性是这个行业需要解决的一个问题，但是莫滕松已经有很多成功的 IPD 项目，其中的建筑模型都是由莫滕松内部完成的。设计模型的依赖性让莫滕松能够专注于项目的其他方面，并用新的方式利用这项技术，提高效率。

依赖性是这个行业需要克服的障碍。我会说这是成功协作的最大障碍吗？不，我不会。我认为具有一定依赖性、依赖门窗、墙体和天花位置的 BIM 的价值，比没有依赖性的 BIM 大得多。这一问题的解决是 VDC 发展的一部分内容。我想开明的业主会愿意花费额外的时间创建有依赖性的 BIM。

当每个人都在参与建模时，你的成功只取决于那个最薄弱的环节：输入信息的团队成员疲惫出错了，或是进度落后，或是不断改变输入的信息——所有这些情况都会对每个人不利。

——Andy Stapleton

　　假如你是 BIM 管理员，你如何确保所有专业都在做他们应该为 BIM 做的事情？

　　PR：管理总体协调模型是非常具有挑战性的。各专业都必须用模型界定他们的工作范围，包括衣架、访问区以及所有的设备。整个项目团队（总监、项目工程师、质量工程师、VDC 管理员）共担保证模型完整性的责任。

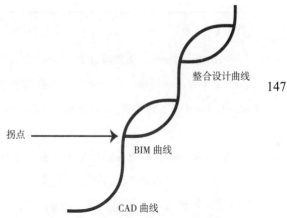

147

图 5.11　连续的 S 形曲线。保持连续增长的秘诀是在一个曲线结束前开始另一条曲线。怎样知道拐点在哪里？

　　有时人们说建筑师想要的是一样东西——杰出的设计、控制，而承包商想要的是另一样东西——利润、拿钱走人——让他们协作几乎是不可能的。对此你有什么想法呢？

　　AS：我认为建筑师和承包商都想得到一个满意的客户，这比什么都重要。我们还认为，一个成功的项目既是杰出的建设也有利润（图 5.11）。

　　建筑师是 BIM 技术的早期应用者。最近，承包商也在迎头赶上。你怎么看目前建设行业对 BIM 的兴趣？你觉得这主要是由于承包商从这项技术中获利最多所致吗？是因为承包商有资源去获得这些工具么？还是别的什么？

　　AS：1999 年以来，莫滕松一直在用 VDC。多年来，我们已经认识到应用 BIM 会提高利润，并在方案中做了相应的计划。我相信建筑师也有很多能从 VDC 受益的地方（减少 RFI、最大程度降低因客户需求信息错误导致的设计返工、降低 CA 成本等），但他们仍在努力发现和量化这些效益。承包商采用了这种新技术，是因为这些工具能使我们更好、更快、更安全地施工。模型中的额外信息有助于承包商更好地了解风险，理想情况下还可以帮助承包商省钱。最重要的是，VDC 让我们所有人能够为客户提供更好的体验和设施。

　　PR：我认为建造商能在 BIM 中获益更多吗？是的，是这样。建筑师花在 BIM 模型上的时间越长，他们挣的钱就越少。建筑师的责任是尽快记录设计意图。建造商花在模型上的时间就越长，我们能从中获得的价值就越多，我们能为客户提供的设施也就越好。

　　AS：对我来说，可视化在与最终用户以及客户合作的过程中让建筑师受益，因为它简化了审查流程，使建筑师不用在业主每次发话之后都花时间在电脑前修改模型。如果建筑师能够帮助那些无法以其他方式读懂平面图和文件的人更快地理解和审查，那这对于建筑师来说就是一个很大的价值。这就是我看到的建筑师的潜在机遇。

访谈 7

Jonathan Cohen，美国建筑师协会会员、建筑师、Brookwoods 协会副主席、《互联网沟通与设计：建筑师、规划师、建筑专业人员指南》（Norton，2000）和《整合项目交付：六个案例研究》（Mc-Graw-Hill）的作者。Jonathan 是 AIA 加利福尼亚州分会的整合实践指导委员会前主席。

你是否记得第一次接触整合项目交付的情况——以及当时你是什么反应？

Jonathan Cohen（JC）： 我们团队中有人已经开始对它进行了理论化。那时我们看到了技术给制造业带来翻天覆地的变化，就开始好奇流程和技术可以怎样用于施工。我们最先开始关注它是在 20 世纪 90 年代末。那时还没有一套成型的理论，也没有"整合项目交付"一词。我应邀到加入 AIA 加利福尼亚州分会的整合项目交付工作组，并担任 AIACC IPD 2007 委员会主席。当时有一群业内思想超前的人在谈论这个理念。获得认可的一个重要小组就是精益建造——以及丰田制造系统。这并不是完整的 IPD 流程——但确实是一个重要的先驱。2010 年的研究案例使我第一次真正有机会去了解完成的 IPD 项目，并认为它印证了我们早先的想法。

你是否认为在整合设计领域的工作是之前对 IT 关注的结果？它们之间的相互关系是怎样的？

JC： 是的，确实是。最初是从 IT 开始的，但我从没有对技术本身感兴趣。我一直在寻找它在建筑实践及建造行业中的应用。当时我看到了两项革命性的技术：一个是互联网，另一个就是 BIM。它们不解决问题，但指出了目前设计和建造系统的分裂程度。我知道这两者都是推动工作流程变化的关键因素，但就其自身而言它们什么也实现不了。设计和施工一直都是涉及很多人的群体工作，所以沟通就尤为重要。既然我们有这些了不起的工具——为什么不利用它们来解决目前行业面临的基本问题呢？这从 IPD 开始，但肯定不会在这里终结。我要强调 BIM 并不等同于 IPD，即使软件销售商希望人们这样想。一个是工具，而另一个是工作流程。BIM 可以支持 IPD，但我知道许多设计公司只在内部使用 BIM，而没有共享。（图 5.12。注：附图片仅作解释使用，不代表被访者本身的工作）

图 5.12 "高级协同工作室"——很多办公室中应用协同工作技术的房间——使 HOK 的员工能把他们最具创造力的人汇集到一起（资料来源：HOK）

就你对整合设计团队的观察而言，强迫在使所有人合作的过程中起到一个什么样的作用？你相信即使没有合同条约整合设计也能运行起来吗？人性会有所阻碍么？

JC：就项目团队而言，我没有看到任何强迫或强制的事情。我确实觉得这些事要仔细策划并落实到书面上。各方之间必须在商业上达成一致。因为在过去典型的设计—投标—施工流程中，各方的目标不统一，这就带来了信息的堆积和各种不利于项目成功的事。不应让人去做任何有悖于项目整体利益的事。这听起来有点乌托邦，但它根本不是握个手就能解决的问题。这的确需要有协议。需要资金透明，公开账目先信任再验证。这不是手牵手唱"Kumbaya"＊， 149而是建立职责和关系、激励机制，并统一商业目标。唯一重要的事就是以项目为中心。

当我们看制造业的自我改革，就会发现这是必需的，因为有全球竞争。他们不是因为好玩而改革。他们需要生存。制造业和建造业的根本区别就在于制造业有统一的管理。他们有设计部门、生产部门和营销部门——但是有统一的管理。每个人都有自己的职责和要完成的任务，同时还有人掌控全局。但在建造业没有这些，你能用别的来代替它吗？这种三方协作恰能做到这一点。它取代了制造流程中原来中央管理的地位。

从建筑师的角度看，你不能赌在其他人不会搞砸上。你要帮助别人不把事情搞砸。别人也会帮你不把事情搞砸。

——Jonathan Cohen, FAIA

有人认为整合设计需要"赌在其他人不会搞砸上"。你有没有其他更有帮助、更积极的视角来看待这种情况或机遇？

JC：这不是在赌博；而是相反。风险会更小，因为更加透明。这让每个人能更好地把控。从建筑师的角度看，你不能赌在其他人不会搞砸上。你要帮助别人不把事情搞砸。别人也会帮你不把事情搞砸。你不需要看图纸、找变更要求，而是去找需要更正的地方，让所有人从中获益。在设计—投标—建造项目中，你甚至连谁是建造商都不知道。这是一个巨大的赌博—— 150你真的是在掷骰子。所以我认为这减少了风险，使它不像赌博。

我们最近的研究非常重要，因为那是在实际项目建成后进行的研究。很多参与者都感到对风险的了解加深了——因此风险减少了。以实践新事物的风险作为对变化的反应是一种心理作用。对于 IPD，应该在信任、过去的关系和项目的基础上自我选择团队——至少目前为止是这样。建筑师和建造商应该一起找到合作的方式。减少实际或预期风险的方法是，在赢得项目之前积极联合，之后形成团队，找到合作方式并向业主证明。这将成为一个巨大的卖点。使用 BIM 时，需要知道你在和谁交换信息以及交换的方式，并清楚你使用 BIM 的能力。对于 IPD，关系是成功的重要决定因素。

＊　译注：Kumbaya 是非裔美国黑人的一首传统圣歌，字面意思为"到这里来吧"，是一首歌颂团结一致的歌曲。

通过你的工作——汇报整合设计的情况——你已对这种新交付方式的实际情况有了大量接触。你如何评价整合设计的现状：可靠、健康、观望还是全程支持？为什么？

JC：非常可靠，特别是在医疗领域。行业中有很多惰性需要克服，特别是业主。IPD 必须由业主推动，因为他们是主要的受益者。建造商和建筑师是次要受益者。这些和其他案例研究都证明了这个概念。这是业主慢慢观察周围竞争者的过程。在医疗领域，其他竞争者从萨特（即加州费尔菲尔德的萨特医疗基金会医疗办公大楼）那里看到了巨大的成功。而类似的设计—投标—施工项目则没有这么好的结果。所以在医疗领域我能看到它从萨特推广到其他医疗服务供应商那里，而这样的事情也会发生在其他领域。IPD 对于机构性的业主—运营商来说是理想的选择，因此下一类项目可能会是高等教育机构和科学实验室（图 5.13）。

图 5.13　HOK 的协同工具用于培训和协调会议，让全世界上百名员工协同设计（资料来源：HOK）

IPD 支持以灵活团队应对变化的理念。尽管医疗项目耗时巨大、管理严格，但没人不希望开一家技术最先进、思想最前沿的医院。圣克莱尔医院项目就是一个很好的例子。在树立钢结构的时候，病房从背靠背式改成了同向布置——这一重大变更为时甚晚。IPD 团队则积极主动，比传统团队工作方式更迅速地响应。从传统上看，业主在晚期作出变更；建造商就开始垂涎变更申请；而原来的设计师早就去做其他的项目了；因此对这种变更就没有动机去快速而全面地响应。IPD 非常适用于可能发生后期变更的复杂项目。如果它能用于医疗项目，那也能用于各种项目。

在 AEC 行业工作的人在资金、商业和学习新技术方面都是保守且规避风险的。建造行业从一开始就是趋于保守的，在经济下行时就更加保守，退回到传统的项目交付方式上。你认为经济在 AECO 行业应用整合设计中起到怎样的作用——不论积极的还是消极的？

JC：随着建成项目的减少，创新的步伐会放缓。我听到过有趣的说法，"我们去投标吧，现在我们能低价竞标了。"这可能是个错误的算盘，因为看一下流程会发现，IPD 使业主能在设计阶段就锁定较低的成本，而不是在施工图完成之后。如果想利用目前环境的优势，就不应该放弃 IPD 的任何东西。比如对于分包商，你能锁定他们的费用，如果他们想找到项目就必须压低自己的费用。其他的硬性成本，人工和材料费，该是多少就是多少。在账目公开的情况下，如果说建设成本低，那是因为材料成本低，而劳动力成本可能更低。在哪里都是这样的。

在 2010 年的报告中，每个整合设计团队都有自己的收获——其中有些经验是相通的。你认为如果整合设计要成为行业中可靠的交付方式的话，需要克服的一两个主要障碍是什么？

JC：需要打通业主公司并以之为主导。这是一个保守的行业。建筑很少是企业的核心业务。让他们关注和学习是很难的。打通各个公司将是一个漫长而繁杂的过程。

每个人都要维持生计。但从历史上看，建筑师坚信他们追求的不是金钱——他们的收获是内在的。许多人承认他们选择这个行业有更高的目标，甚至根本没有考虑金钱。整合设计以金钱作为成功的决定因素。这只是因为整合设计团队要在前期投入大量时间、设计和思考，而过去只有在后期才会看到经济回报么？ 152

JC：IPD 的理念是，在初期每个人都只付出而没有收益。收益取决于项目的成功。从与我们合作 IPD 项目的建筑师来看，他们获得了很多内心的满足感——业主高兴，争议少了，摩擦少了，工作室里的争吵也少了。他们有了更多的个人成就感，而这正是建筑师希望得到的。我想他们能从 IPD 中获得。他们在 IPD 中的作用也将不一样。真的要为业主带来价值，这是它的真正意义，同时也给我们带来应有的补偿。建筑仍是一个充满理想的职业——这是合理的。我希望这一点不要改变。我觉得这也不会改变。但我认为，如果不能适应就真的会失去很多（图 5.14）。

整合设计团队所需的角色有哪些是五年前还没有的？你能描述一下协调员在整合设计项目中的作用吗？

JC：协调员就是这种角色之一。我确实觉得所谓 IPD 协调员的职能尚未实现。事实上，我曾经围绕它提出过一个业务理念，其中包含九种服务。简单来说，这是一个流程设计，你帮助业主把 IPD 流程向内向外推广。

图 5.14 视频会议使多个办公室以及相隔很远的员工保持联系，并减少了出差时间、费用和碳排放（资料来源：HOK）

你要帮助选择团队。在我研究过的所有项目中，除了精益建造协会的人，都没有请外人来举行研讨。有的人被请来做评估和对比，根据设计质量评判项目——比如 Autodesk 的情况。但这并不是我所谓的协调员角色。

不管由内部人员还是外部顾问来担任，都必须有人担任协调员。施工经理也非常有可能承担这一角色。这必须是独立的一方。

我研究的案例中都有老谋深算的业主。一些业主，特别是来自政府部门的，认为自己并没有资源来做这些。如果他们内部没有资源，或许就需要请人来协调。这个人在项目最开始就会参与进来，甚至可以影响选择团队的标准。你在帮助建立法律的框架。你在协助确定项目的目标和预期成果。这是你应用 IPD 中很重要的一步。不只是成本和工期，还有设计质量、运行效率以及可持续性的目标。这些目标需要独立的一方来评估，比如协调员。只有达到这些目标才能说这是一个成功的项目。达到或者超过这些目标将带来经济上的奖励。

挑战来自于我们的教育方式。在进入建筑学校时，我们自以为是小小上帝而不需要协作，但事实上协作总是需要的。

——Jonathan Cohen, FAIA

建筑师一般天生内向，在 BIM 和整合设计的所有项目中必须随时交流和协作。你认为这对于建筑师将有什么挑战，以及你有什么建议？

JC：挑战来自于我们的教育方式。在进入建筑学校时，我们自以为是小小上帝而不需要协作，但事实上协作总是需要的。我希望建筑教育会改进，强调协作与团队合作。假如你不愿意分享，那么这对你来说就不会是有益的过程。我认为这是行业生存所必需的。

美国建筑师协会把协作交付过程称为"整合项目交付"——IPD。有迹象表明它会有不同的特征么——尤其是其他组织或单位启用它的时候？

JC：当你谈到 IPD，人们似乎知道你说的是什么。有趣的是，这个名称的版权和商标属精益建造协会所有。

在历史上，建筑师和承包商长期关系紧张。BIM 和整合设计要求他们不仅要合作，并且从第一天起就和整个团队合作。他们需要怎么相处呢？

JC：在我研究的项目中，建筑师和承包商相处得很好。在一定程度上是因为他们已经了解彼此并且关系良好。这里要有相互尊重。建筑师应该给予承包商更多的尊重。过去 25 年中，一个最重要的变化就是施工的专业化。他们都是受过大学教育的专业人员。我们需要他们，他们也需要我们；我们应该相互尊重。

对于整合设计，你认为互用性和苛刻的合同在多大程度上属于成功的经验？参与者的态度和思维方式呢？

JC：我认为必须两者兼具。案例研究中的亚利桑那州大学的案例使用了标准的设计—建造合同，因为那是凤凰城要求的。合同根本没有反映他们采用的流程，而我不建议任何人这样做。这冒了很大风险。如果发生纠纷，将有很多事情不能强制实施。

154

整合设计需要很大的灵活性、互动和一个流动的工作过程，并让团队成员走出熟悉的角色。对于那些在职业生涯中后期开始学习 BIM 这类新技术，并要学会以一种完全不同于之前的方式——快节奏、并行、整合——工作的人，你的印象是什么？

JC：从 IPD 案例研究项目来看，很多人——包括业主——都是比较年长的。当然，决策者和重要的参与者都是年长的。我不认为年老的人不愿意去尝试新事物。在一定意义上，他们有尝试新事物的自信。从各方面看，这不只是一个年轻人的探索。其中的经验能服务所有人。年长意味着对过去的经营方式有不好的回忆，有些还非常痛苦，而这就成了他们尝试新事物的动力。我们已经知道旧法子行不通——根本不需要任何人来说服我们。唯一的问题是：这个新方法可行吗？

你的书《互联网沟通与设计：建筑师、规划师和建筑专业人员指南》称其并非关于计算机；而是关于沟通的。你认为 BIM 和整合设计也是如此吗？

JC：一个是工具；另一个是流程。计算机是沟通的工具。BIM 是实现整合项目交付的工具。最重要的是流程的改变，技术的应用保证了流程的改变。

你在写书的时候预见过云计算吗？

JC：我在书里写到了基于网络的项目团队。是网络应用，而不只是云存储——我们那时候叫它外联网。

今天是谁在推动整合设计的发展？是业主吗？你认为它会随时间改变吗？

JC：它必须由业主推动——他们要为此做好准备。他们受益最大。必须由他们开始。我知道有好多人在向业主推销 IPD，但是我不知道这是否奏效。

根据你整合设计案例研究的报告，在访谈、项目现场考察以及结论中，有什么让你感到惊讶的吗？

JC：一是所有人对这种协作流程的惊人热情。他们渴望做一件感觉良好的事，而不是咬牙、争吵、令业主不满。这些研究的每个参与者都想继续下去。而他们不一定认为这适用于每个项目。

二是我看到的创造性多元方法。人们在尝试看哪种方式有用。我提醒人们不要固执于正

155

确的方法。我们还在学习。方法的创造性水平很高。

我惊讶的是这些早期项目如此成功。没有一个失败。从对全新模式的探索来看，这是相当了不起的。

经济激励方面有不少争议。正反两方在这一问题上都非常强硬。我们还没有找到合适的途径。正如 Howard Ashcraft 所说，如果设置不合理，经济激励会给项目带来危害。但合理的设置会有帮助。这必须经过深思熟虑。共同的风险和回报是非常重要的一部分。但必须认真考虑怎么去做。如果做得不对，就会导致一种人人为奖励而不为项目的局面。

现在为时已晚，而且看起来对建筑师很不利。坦率地说，IPD 可能就是对建筑师不利的。

——Jonathan Cohen, FAIA

在 2004 年修订的《建筑师专业实践手册》"新的建筑师：知识和规则的守护者"这一章中，你写道"信息技术将成为促进建筑行业流程改革的关键因素，而这一行业的生产率在历史上就低于其他经济部门"，此时你想到的是整合设计吗——尽管它要在很多年后才正式提出？

JC：我当时想让建筑师担当起这个行业角色。现在为时已晚，而且看起来对建筑师很不利。坦率地说，IPD 可能就是对建筑师不利的。我认为风险最高的是咨询工程师，因为他们的工作已经完全被抛弃。建筑师要用更少的时间做更少的细节设计、挣更少的钱，除非他们能掌握更多的领导权。所以到头来 IPD 对建筑师而言可能不是一件好事。我身为一名建筑师很自豪，但我很惊讶、也很失望地看到这一专业并没有在其中扮演更强大的角色。

我和其他人已经告诉建筑师需要快速掌握领导权，因为这本来就是他们的使命：由于所受的训练，他们知道怎么解决问题，而且他们投入项目的时间也最长。我真的认为建筑师应该去做这些，但时至今日也没有如愿，说实话我很担忧。承包商探讨精益建造已经十五年了。在理论层面上建筑师很了不起——编写文件、做案例研究和写书。但总承包商群体通过精益建造日益强大，并已经走在我们前面。我们不得不承认这一点。

注释：

1. Phillip G. Bernstein, "BIM Adoption: Finding Patterns for a New Paradigm", 2006 年 3 月 17 日, www.di.net/articles/archive/bim_adoption_finding_patterns_for/
2. www.wikipedia.com
3. www.dictionary.com
4. Julie Gabrielli 和 Amy E Gardner, "Architecture, AIA University of Maryland School of Architecture, Planning, and Presevation,", 2010 年 5 月 28 日, www.wbdg.org/design/dd_architecture.php
5. Andrew Pressman, "New AIA Firm Survey Indicates that while Business Is Good, the Profession Itself Changes Slowly", 2007 年 3 月, archrecord.construction.com/parctice/firmCulture/0703AIAfirm-1.asp
6. Dianne Davis, "Lean, Green and Seen", 2007 年 秋, www.wbdg.org/pdfs/jbim_fall07.pdf
7. Howard W. Ashcraft Jr., "IPD is Light Years ahead of Traditional Delivery", 建筑设计与施工, 2009 年, www.bdcnetwork.com/article/howard-w-ashcraft-jr-ipd-light-years-ahead-traditional-delivery?page=show
8. 同上
9. Lance Hosey, "All Together, Now", 2009 年 10 月 6 日, www.architectmagazine.com/sustainablity/all-together-now.aspx
10. Ashcraft, "IPD is Light Years ahead of Traditional Delivery"
11. 同上

第三部分

领导和学习

在这一部分，你将看到 BIM 如何改变技术、过程和交付方式以及领导圈；如何转换到动荡时代领导 BIM 和整合设计流程中必不可少的思维方式；以及如何成为一个更有效的领导者——无论身处公司或项目团队的哪个位置。

你会发现为何将 BIM 引入公司对教育、招聘、培训有重大影响，并回顾学习 BIM 的最有效途径。这部分将简要概括三种研究 BIM 和大匠的方法，包括支持和反对建筑师回归大匠地位的争论，以及支持复合大匠或建造师团队的观点。

在这几章中，你将看到一位建筑师兼 BIM 管理员，将工具成功从铅笔过渡到 CAD 再到最复杂 BIM 的；读到 GSA 交付项目办公室地区主任的重要见解；还会听到两位教育家的观点，一位是将建筑学、计算机和人类学用于人机环境交互研究的设计和技术志学者，另一位是教育家和行业技术战略专家，具有整合设计与重大 IPD 项目一手经验，他将展望专业人员、组织和 AEC 行业在 BIM 与整合设计方向上的前景。

第6章

用模型领导团队

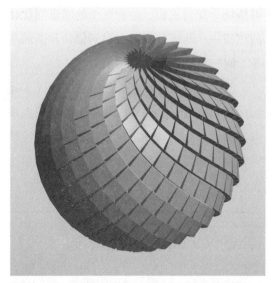

图 6.1 BIM 为建筑师提供了保持在实践最前沿的机会
（资料来源：Zach Kron, www.buildz.info）

在任何时候做一名领导者都很难。在变动的时代做领导则更加困难。由于颠覆性的技术和新的合作方式出现——协作流程——学会转向领导 BIM 与整合设计流程所需的思维方式则变得尤为重要。无论你处在公司层级或项目团队中的什么位置，本章将帮助在 BIM 和整合设计环境中工作的你成为一个更有效的领导者，因为 BIM 与整合设计的目标是非层级的领导方式——让各个层级都有更多更好的领导者。

BIM 与大匠的回归

领导者是在组织内部或项目团队中承担、把握或继承管理位置的人。在项目一开始，总免不了争权夺势。建筑师会告诉你，对设计理解得最好、善于以图文沟通的人将成为领导。另一方面，承包商会认为熟悉影响项目建设的所有重要问题、最肯定且最坚决的人是领导。而业主通常不关心谁是领导，只要有人在领导项目进行。

BIM 不仅改变了技术、流程和交付使用，还有领导圈。虽然高级管理层的支持至关重要，但这与 BIM 的领导并无关系。

虽然过去的领导方式是自上而下，但 BIM
与整合团队的工作改变了一切。BIM 和整合设
计的领导方式更接近拥护制（开放并拥护负责
人）——由中层管理者从组织内部领导。因此
有了 BIM 后，自上而下和自下而上的方式相
融合，使从中间领导成为用模型领导。

大匠登场

大匠拥有令人羡慕的一切专业技巧——
关于材料选择、人员管理、几何比例、荷载
分布、设计、法事和基督教传统的渊博知识。
不要怀疑，这些石匠不会区分物质与精神。[1]

在词源学上，建筑师（architect）源自
于拉丁语 architectus，而它又来源于希腊语
aikhitekton（arkhi 总，tekton 建造师），即大匠。[2]

领导力是一个庞大的问题——需要独立
成书甚至成库才能说清。因此我们在 BIM 时
代对于领导力的讨论就集中在建筑师是否能
重回名至实归的大匠。

我们无需复述大匠的漫长典故。只消说，
尽管设计专业人员在是否复用大匠这一称谓
还是将它留给后人的问题上有分歧，但有一
点是毫无争议的："大匠"一词代表着对建筑
从设计到施工各方面的理解。"在古代，建筑
与施工由'大匠'的文化意旨合二为一，他
将综合艺术、科学、材料、形式、风格和工
艺来实现自己的构想。"[3] 整合设计团队的每
个成员，若要满足当代和未来用户的需求，
就要理解各自的专业相互之间以及对整体的
影响。（图 6.2）

作为虚拟大匠和设计流程领导建筑师

争论的问题大致是这样的：假如建筑师

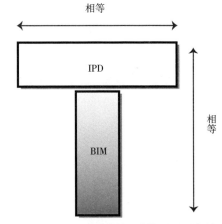

图 6.2　理想的 T 形团队伙伴在纵横双向是等长的

能接受并掌握真正与他人协作所需的思维方
式、态度和技巧——学会如何设计为满足业
主、承包商和其他团队成员对高质量、低成本、
可持续、交付更快、浪费更少的需求而优化
的建筑——那么他们就会得到信任和新的尊
敬，回归本来的虚拟大匠地位。

BIM 对建筑师最大的价值在于改变了建
筑师、工程师、承包商以及业主之间的关系
以及由此产生的协作。这种关系的改变让建
筑师有机会重新领导设计和由 BIM 支配的施
工过程。

Kimon Onuma 公开信节选

161

建筑界有一个浪漫怀旧的观念：我们必须
成为大匠，而 BIM 或许能帮我们实现这个愿
望。可这不会出现在今天的建筑过程中。BIM
不会为我们改变现状，除非我们迎接改变。

Onuma 继续写道，

项目设计和建造的过程比传统的大匠面
对的要复杂得多。仅一座建筑中的各类系统
就比大匠那时要复杂得多。

他总结道：

这一机遇对建筑师是明确的。建筑师位于设计和施工过程的中心，不再像"大匠"那样整合组织建筑的各个部件，而是今天在此过程中信息和流程的建立者和协调者。

Kimon Onuma, "BIM Ball-Evolve or Dissolve: Why Architects and the AIA are at Risk of Missing the Boat on Building Information Modeling（BIM）", 公开信, www. bimconstruct.org, 2006 年

有人认为 BIM 为建筑行业带来了回归大匠地位的好机会。

让我们简单看一下三种关于 BIM 和大匠话题的立场：

1. 支持回归大匠的地位。

2. 反对建筑师作为大匠。

3. 支持复合大匠或大匠团队。

支持回归大匠的地位

一些专业人员——以建筑师为主——认为建筑师应再次成为大匠，新技术与改善的沟通是它的天然催化剂。以费城建筑事务所 Erdy McHenry 为例，其创始人 Scott Erdy 和 David McHenry 试图找出降低施工成本和提高交付速度的方法：

那便是重建建筑师和建造商之间的关系。他们认为专业之间沟通不足是施工成本高的真正原因。Erdy McHenry 认为，在施工前让各专业人员——钢工、木工、电工联合反馈就能节约资金、加快进度。这一沟通也有助于建筑和施工的结合，让建筑师和承包商作为一个团队来设计。McHenry 解释说，目标"是

让建筑师回归大匠。"[4]

同样地，BIM 经常被当作实现这一角色回归的催化剂。

不像传统设计方法，他和 Erdy 没有等到设计完成，而是在设计过程中就开始与承包商共享模型。他们指出，建造商可以尽早发现错误，并提出更有效的方法完成同样的任务。[5]

在过去，要成为大匠需要长时间的经验。而掌握 BIM 会加快这一过程。随着今天教育、培训和技术的普及，成为一名大匠已很轻松。无需做多年的学徒，建筑师在事业之初就能向这一目标努力。究其原因，作为大匠既是一种思维方式和态度，也是经验的积累。尤其是这种思维方式，让你处在各专业、职业和项目利益相关者的中心——确保你的工作将设计结合了施工意图。设计工作者只为做设计则不需要它。

让建筑师在将来能重获大匠地位的四种方法：

- 成为更全面的建筑师。
- 承担更多的领导角色。
- 成为虚拟大匠的建筑师。
- 成为大匠的建造商：建筑师主导的设计—建造（图 6.3）。

更全面的建筑师

在 BIM 出现以前,建筑师认为是不全面的。

图 6.3　T 形团队伙伴：BIM 和整合设计工作中的理想同事既有自己动手（DIY）的深度，又有与他人合作（S×S）的广度。

自 20 世纪 70 年代起，建筑师就已经把大部分责任交给了其他专业，并越来越远离设计和施工过程。有人认为，BIM 能让建筑师恢复多年来失去的东西。这就是文艺复兴人本建筑师的回归。建筑师 Paul Durand 解释说，

> BIM 让我们成为更全面的建筑师。它给了我们工具，让每个人都和我们一起走到项目的前面，帮助我们完成更好的工作——以一种更理智的方式。我发现建筑设计师太容易倒向传统。他们有一个传统的自我形象。他们认为自己是不被理解的艺术家。他们越是不被理解，就觉得自己是艺术家。然而我们想成为更好的建筑师。更全面的建筑师。[6]

更多的领导角色

此外，Durand 认为 BIM 为建筑师提供了领导工作流程的机会：

> BIM 让我们成为更好的建筑师。它把"大匠"的模式带回到工作中，让建筑师进行把控，完美地将艺术和技术融为一体。我们现在对行业失去

了控制，又时常被认为是必要的麻烦；其他人夺去了建筑的艺术和质量，只是简单、快速、廉价地建造，以获得更多的利润。如今我们正处在一个变革行业的边缘，有更多让建筑师重新领导并维护建筑和品质的机会。[7]

这就是作为总协调的建筑师。不只是与他人协作，更是通过他人发挥团队伙伴的最佳能力。这就是作为战略统筹的大匠，对人和流程进行统筹。当被问到建筑师如何恢复领导地位的建议时，建筑师转型 BIM 顾问的 Aaron Greven 答道，

> 我在设计 - 建造方面的经验让我看到，建筑师已经远离了大匠的模式。建筑师往往已经不再关心或谈论可实施性、成本、进度、运行甚至能耗了。这是历史上为建筑师的服务带来最多附加值的东西——我们比任何人都清楚如何建造。我认为建筑师不去夺回这些责任，不去更多地了解他们的设计以及决策的影响，就会使自己的实用性边缘化。BIM 使我们有机会去了解更多、预见更多并分析更多。我想很多公司经常把 BIM 看成更好的绘图工具——却忽略了重点。建筑师要在图纸之外创造新的服务交付方式。建筑师可以减少对文档的关注（因为大部分会由 BIM 工具完成，而且对建造商没有太大价值）而更关注分析，并通过原型改善最终产品。

163

特别是在紧张的经济环境下，业主会在项目初期阶段要求更多的确定性。建筑师就有机会用更多的数据以及共享更多的信息实现这一点。[8]

Greven 继续说道：

> 对于建筑师与大匠的分离——在我们的印象中，建筑师一直是、应该是、应该成为并坚持做大匠。我的感觉是，建筑师正在远离这一角色，拉大了设计和建造之间的隔阂。我想希望是有的，那就是整合设计方法——共享建模信息，而不只是把建筑底图发给工程师去实施设计。我想建筑师有机会赢得更多的项目领导角色。[9]（图 6.4）

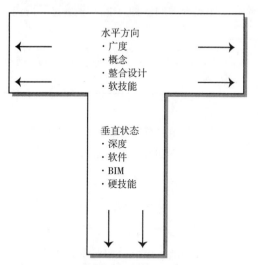

水平方向
·广度
·概念
·整合设计
·软技能

垂直状态
·深度
·软件
·BIM
·硬技能

图 6.4　T 形团队伙伴具有多种技能组合与资源

作为虚拟大匠的建筑师

建筑师可以通过协作的思维方式成为 BIM 流程的领导者。在团队中协作并有效工作的能力——过去交给心理学家和实际操作解决的问题——将成为设计专业人员在今天的职业、经济、社会和技术挑战下生存所需掌握的最重要技能。特别是在 BIM 应用与整合设计主导的项目越来越多的情况下，对协作以及协作技能的运用将是每个设计专业人员所必需的。假如建筑师能接受并掌握真正与他人协作所需的思维方式、态度和技巧——学会设计面向业主、承包商和其他团队成员对高质量、低成本、可持续、交付更快、浪费更少的需求优化的建筑——那么他们就会得到信任和新的尊敬，回归本来的虚拟大匠地位。

所有这些能力将建筑师与承包商区别开来——承包商是大匠地位唯一真正的竞争对手，即使加上有资质但被过度关注的工程师。

作为大匠的建造商：建筑师主导的设计 – 建造

建筑师主导的设计—建造，需要承担风险，所以必须有勇气。

> 对于有勇气跳出传统方法的建筑师，通过数字制造提高复杂性、可控性和经济规模的巨大机遇就在前方。这一举动能够让勤勉的建筑师专注于具有特定建筑意义领域中的设计和材料（无论规模大小），从而重归大匠的地位。[10]

承包商主导的设计—建造仍然需要建筑师。我问莫滕松建设公司的 Andy Stapleton 是否能想象出没有建筑师的未来，他答道：

> 莫滕松不提供设计服务。但我们的确把自己看作大匠建造，并且是设计—建造交付方法的主要倡导者。我

164

们认为设计—建造是很多潜在业主的最佳方案，因为它充分发挥了每个团队成员的主要技能，并且使像莫滕松这样复杂的建设公司有能力领导与建筑师、顾问工程师和主要分包商合作的设计建造过程。我看不到我们不需要建筑师的未来。[11]

这种回归大匠的方法要接受和应用设计—建造，并需要冒险、勤勉和勇气。

反对建筑师作为大匠的观点

Kimom Onuma 在他的公开信《发展或灭亡》（Evolve or Dissolve）（见本书第 161 页引文）中解释了"为什么我们不再是大匠，并且以当代思维方式也无法成为大匠。"[12] 他说：

数字化大匠

20 世纪初缺少真正改变我们建造方式所需的信息。今天我们有了迅速而全面地表现和传递信息的工具。它们实现了自文艺复兴专业化以来未曾有过的研究、设计、表现与制造的结合。

——KieranTimberlake

在过去，建筑师作为"大匠"兼顾设计和建造。然而建筑师在几个世纪前就放弃了在建造过程中的直接作用；转而依靠向专业化建造商表达设计意图的二维图纸。今天这个沟通流程迅速改变，其直接原因是 1971 年法国汽车公司雷诺开发的数字化建造。二维图纸正在从直接用建筑师的数据制造三维形

体的流程中得到提升，甚至被它完全取代。在这样的背景下，1997 年以复杂艺术造型大肆宣传的毕尔巴鄂古根海姆博物馆开创了数字建造流程的新纪元，而 Gehry 事务所也以精确制造而闻名。

虽然直接的数字化交流已不是新闻，但它为不少建筑师带来了新的大匠理念。大约 30 年前，激进的 Jersey Devil 建筑事务所让设计—建造方法再度盛行，而它意味着设计和制造的责任由同一方承担。这在教学上意义重大，因为它打开了设计和构造之间颇具想象力的辩证关系；同时学界对这个新的模式也表现出极大的兴趣——尤其是 1993 年由后来的 Samuel Mockbee 在 Auburn 大学成立的著名的 Rural 工作室。很多其他学校开设了设计—建造课程……其结果就是更多新兴实践者对设计实施中的各种可能再度燃起了兴趣。

引自 David Celento，"Innovate or Perish: New Technologies and Architecture's Future"，哈佛设计，26 期，2007 年春/夏

在美国建筑师协会和建筑界的要求下，我们为划定责任而与大匠的位置渐行渐远。施工管理为我们填补了这一角色的空缺，因为我们无法管理。我们现在的处境还将使自己更加疏远。威胁就在眼前，可大多数建筑师对 BIM 革命视而不见，也不了解它的究竟，只是坐等一切发生。这就会导致建筑和设计的边缘化，而 158 亿美元的缺口将由行业团队的其他成员来填补。我们憧憬着回归大匠。我们必须领导这一变革使之成为现实。[13]

建筑师作为大匠领导建设项目在简单的时代是可行的。今天的施工和建设项目愈发复杂，建筑师回归大匠的时代是否已然逝去？还是 BIM 与整合设计使这种回归更有可能？这就是复杂案例（要讨论）的情况。（图 6.5）

图 6.5　对于那些还记得用手施工和画透视的人，这是你的幸运时代（资料来源：Zach Kron, www.buildz.info）

复杂案例

166

　　复杂案例是这样的：无论多么有才华、多么全面的建筑师，无论他在哪受的教育和培训，无论他在哪个事务所，无论他是谁，一个人都不可能——也不应该——完成一切工作。

　　很少有建筑师能设计并完成一座建筑，更不用说检查规范、协调和管理流程，为它绘制所有施工图，监督到它按时、按预算竣工。然而这就是今天作为一个大匠所需的。有人反对由一家单位——无论是谁——领导整个设计和施工过程的想法：

　　　　今天，从项目的角度看，所需的

法律、技术和文化知识的广度和深度已不再适合像过去的大匠那样，由一个专业掌握、应用和负责与建造有关的全部知识。对职业失误的担忧促使责任保险公司鼓励甚至明确要求建筑师将其工作限制在设计上。例如，"施工监督"变为"施工观察"，使建筑师进一步远离与施工活动有关的风险。[14]

　　在《再造建筑》（RefabricatingArchitecture）这本书中，作者认为今天没有一个人能发挥大匠的作用。"虽然我们无法回归到由一人担任大匠的理念，建筑师可以要求各个建筑衍生专业的整合……实现材料与意图融合的目标。"[15]

　　Phil Bernstein 表示同意：

　　　　我想，为了在业内推进这一交流，我们需要放弃大匠的概念。那太浪漫了。在布鲁内莱斯基（Brunelleschi）之后就没有了。他有几乎无穷无尽的奴隶为他效力。他能在建筑上花 40 年。我们早就过了所谓大匠的时代。我同意 Stephen Kieran 和 James Timberlake 对这一概念的反驳是因为它与现代建筑的思想截然不同。让一个人控制的话需要了解的东西太多了。整个大匠的讨论就是一个伪命题。讨论由谁负责是毫无意义的。[16]（图 6.6）

　　莫滕松建筑事务所的 Andy Stapleton 也将项目的复杂化作为反对单人领导流程的理由。"我们今天的建筑是如此复杂，没有一个人能　167

图 6.6   钢结构模型北侧鸟瞰。加拿大人权博物馆；执行建筑师 Smith Carter；设计建筑师 Antoine Predock

成为'大匠'——而整合团队是今天的大匠。我总是希望能和最强的团队合作，这是最重要的。"[17]

但如果不是建筑师领导这个过程——还会有其他更适合的设计者么？每当被问盗为什么用"设计师"代替"建筑师"一词时，莫滕松建设公司的 Peter Rumpf 一针见血地答道："在我看来，设计师更擅长宏观的概念，并会为项目营造愿景。建筑师则是总协调员，更擅长记录、协作和实现设计意图。"[18]

且不提标题给人的联想。"大匠"的名号与"主人"、殖民主义和控制有关——与我们时代的旋律截然相反：去中心、分散化和信息爆炸。怎么可能有一方掌控一切？BIM 与整合设计的问世在很大程度上改变了建筑师以往的工作方式以及主要由他们负责的工作。之前在设计过程中负责协调多专业输入信息的建筑师，如今依靠 BIM 及 Navisworks 等附加程序完成这些工作（图 6.7）。

支持复合大匠或大匠团队的观点

复合大匠的概念是建筑师和规划顾问 Bill Reed 提出的。他与 7group 共同编著了《绿色建筑整合指南：重新定义可持续实践》（John Wiley and Sons, 2009）。这部杰作的简介写道，

在完整建筑设计中，项目团队又有了作为指导的共同目标。这种结构以及设计团队合作的流程被 Bill Reed 称为"复合大匠"。这个术语将历史上单一的大匠分解为多专业的群体，为一个共同的目标合作。其宗旨是将各领域专家汇集在一起，在同一种思维下发挥作用。Mario Salvadori 认为这种流程避免了设计和施工领域的专家之间"互不知情"。[19]

Phil Berestein 在这个问题上有自己的看法："这是大建造——而不是大匠。是的，这是一个团队。让一个人在整个过程中心的想法——难道我们没有让它和 Ayn Rand 一起成

168

图 6.7　第 4 层西北向三维渲染。加拿大人权博物馆；执行建筑师 Smith Carter；设计建筑师 Antoine Predock

为历史么？建筑太复杂了。我家的扩建都没法自己搞定！"[20]

169　　　整合设计团队在这种情况下将作为一个大匠团队工作。团队在外部协调员或负责战略统筹的团队成员的协调下，将通过初期会谈在团队协议、设计标准、开会审查项目流程的频率等方面取得一致，然后在整个设计和施工过程中集体行动。莫滕松建设公司的 Peter Rumpf 认为大匠的作用应以团队为中心，而不是任何个人：

　　　我想建筑师抓住这个机会更多地参与设计的整体工作是极好的。新技术为非常复杂的项目提供了宏观的认识，因此大匠的角色要由团队来担任。一个总体协调模型可以包含项目各个方面的信息——建筑、结构、围合体、机械、电气、管道、消防、医疗气体、气动管、家具与设备（FF&E）、土木等——使模型管理员对于非常复杂的项目也有整体的理解。

　　　对我来说"大匠"一词适用于有能力运用渊博的知识推敲细节的人；对建筑如何建造了如指掌的人，而这也是 VDC 需要的。[21]（图 6.8）

170　　　那么，整合设计是否意味着回归到大匠的角色？是也不是。说不是，是因为没有任何一个人在整合设计团队中扮演这个角色。说是，说因为整个团队——包括核心成员、工程师、分包商和制造商——共同形成了一个大匠组。在过去，我们鼓励新兴的建筑师成为 CAD 专家，但那时他们应该专注于如何建造。用 BIM 工作可以整合这些工作——学

图 6.8　85% 深度的施工图中 BIM 模型北侧外观。加拿大人权博物馆；执行建筑师 Smith Carter；设计建筑师 Antoine Predock

图 6.9　"冥想花园"室内向北望。加拿大人权博物馆；执行建筑师 Smith Carter；设计建筑师 Antoine Predock

会使用程序的同时也学会了如何建造。当我问 Yanni Loukissas 是否认为这些工具给建筑师带来了机会，重回作为大匠在项目中的职位、作用或地位，他回答说：

> 我对回归总建筑师的想法没有兴趣。有些人会告诉你，从来就没有大匠，那是建筑师现在用来夺回中心地位的神话。在《形体的守护者》(Keepers of the Geometry) 一书中，有一个自称技师—建筑师的人。他处在中心位置，

作为翻译，管理所有的信息，主持所有人的合作。他甚至没有建筑专业学位。这个幻想——作为技术协调员——我不知道对于建筑师，或者不像这个人一样在技术上登峰造极的人能否实现。建筑师对中心地位的痴迷——作为唯一的署名人——我不知道这是否很有效。还有其他有趣的工作方式，能给其他人更多的权力——更具参与性和协作性的设计方式。[22]（图 6.9）

访谈 8

Bradley Beck，位于芝加哥 FitzGerald 建筑师事务所的项目建筑师和 BIM 管理员。在加拿大人权博物馆（CMHR）的建设中，Brad 负责将二维扩初设计图纸转化为完整的三维建筑信息模型。目前模型正用于辅助施工。

BIM 工具可以用来做概念设计了吗？如果还不行，缺的是什么？为了让建筑师用 BIM 做设计，需要改变什么？

Brad Beck（BB）：它们还不能用来做概念设计。它们需要的——也就是它们缺少的——是灵活性以及在软件中进行直观修改的方法。而后者还没有出现。

你怎么看 BIM 是以建筑师的方式去思考的观点？那不是很直观么？

BB: 是的——假如我认为 BIM 是以建筑师的方式去思考的话。但是我并不认为它做到了。它是以承包商的方式来思考的。对承包商来说总是非黑即白；没有太多选择。它没有"如果 / 那么"的思维方式，而那正是这种软件需要的。对于软件来说，既能满足 BIM 对巨大信息量的要求，又能保持足够的灵活性来展示不同的设计方案是很困难的（图 6.10、图 6.11）。

目前最理想的是在 SD 阶段使用 SketchUp，在设计方案确定后到 DD 阶段将模型移植到 BIM 里面吗？你是否认为 BIM 在现阶段最适合在 DD/CD 阶段应用？

BB : 我认为是这样的。现阶段表明将有一种适合 SD 阶段的 BIM 工具。因为 SD 阶段在本

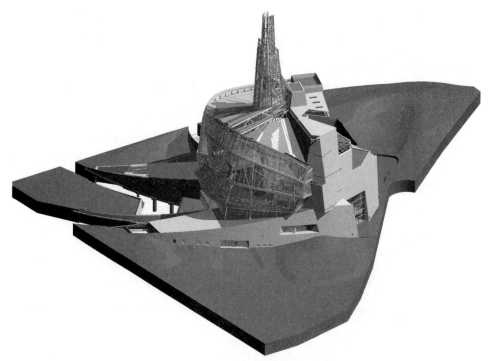

图 6.10　30% 深度的施工图中 BIM 模型东侧外观。加拿大人权博物馆；执行建筑师 Smith Carter；设计建筑师 Antoine Predock

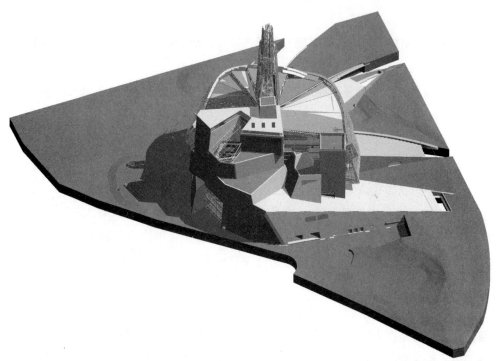

图 6.11　30% 深度的施工图中 BIM 模型北侧外观。加拿大人权博物馆；执行建筑师 Smith Carter；设计建筑师 Antoine Predock

质上是流动和直观的，所以不好成为 BIM 的一部分，因为 SD 阶段有太多东西仍在变化之中，没有确定。BIM 是一块信息的海绵。如果你还没有某方面的信息，那你就无法充分发挥 BIM 的优势。而软件无法不在模型中包含这些信息。手绘草图以及像 SketchUp 那样的简单工具将会长时间存在，直到 BIM 软件出现大的飞跃。因为这些东西在 SD 阶段是不确定的，过多的信息和过大的模型在 SD 阶段是不利的。在 DD 阶段你能更深入地了解建筑会是什么样子。尤其是我们向 DD 阶段深化的过程，其实就是初级的 CD 阶段。

需要改变什么才能让 BIM 发挥它最大的优势?

BB: 答案取决于行业对 BIM 的认知。目前的看法是 BIM 可以提高工作效率并减少变更要求。这种观念会改变，并带来一种四维建造思维，尤其是对于制造系统和建筑构件而言。BIM 将会引导建筑师更多地融合设计师与承包商的思维，而不只是像设计师那样思考。所以建筑师将会对施工技术有更多的了解。在设计过程中也会有更多关于可实施性的考虑（图 6.12、图 6.13）。

173　**相对于承包商像建筑师一样思考，建筑师要付出更大的努力去像承包商一样思考。**

BB : 这更多的是因为双方的作用，和 BIM 没有特别的关系。建筑师认为他们承担了建筑的责任，却没有参与任何决策或是得到他们想要的责任。承包商不想跳到建筑师那边，因为他们的处境已经很好。建筑师需要多付出一些，更靠近承包商。

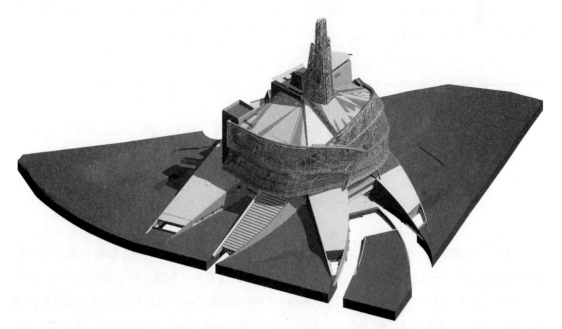

图 6.12　30% 深度的施工图中 BIM 模型西侧外观。加拿大人权博物馆；执行建筑师 Smith Carter；设计建筑师 Antoine Predock

图 6.13　85% 深度的施工图总平面。加拿大人权博物馆；执行建筑师 Smith Carter；设计建筑师 Antoine Predock

---

　　填写对话框使你给予了整个模型海量的信息。之所以觉得没有效率是因为不觉得创造了任何东西。那就是你觉得工作效率最低的时候，但那其实是工作效率最高的时候。

——Brad Beck

174

在 BIM 中你什么时候最有效率？什么时候效率最低？

　　BB： 这两者的答案是一样的。当你觉得效率最低的时候，就是你最有效率的时候。当你把所有的信息输入墙体、对话框，并输入规格——那或许是你能做的最重要的事情，因为你为这个实体的每一步都提供了信息。填写对话框使你给予了整个模型海量的信息。之所以觉得没有效率是因为不觉得创造了任何东西。那就是你觉得工作效率最低的时候，但那其实是工作效率最高的时候。

　　所以，假如你是一个在 BIM 环境下工作的年轻员工，你可能在并不懂 BIM 的高层管理者眼中是怠慢工作——或进展缓慢，因为无法展示可见的成果——但是实际上有了很大的进展。

　　BB: 即使你在 DD 阶段也会碰到这个问题，房间的设计很有可能改变。你只是摆放墙体就损失工作效率。假如墙体位置变化了，你就会损失工作效率——即使墙体中的信息没有改变。（图 6.14、图 6.15）

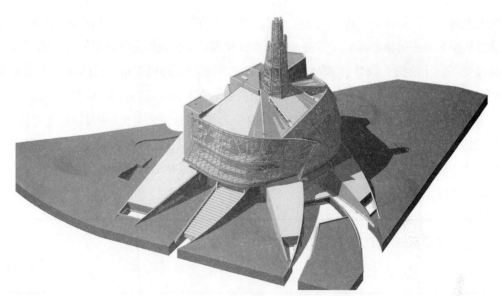

图 6.14　85% 深度的施工图中 BIM 模型东侧外观。加拿大人权博物馆；执行建筑师 Smith Carter；设计建筑师 Antoine Predock

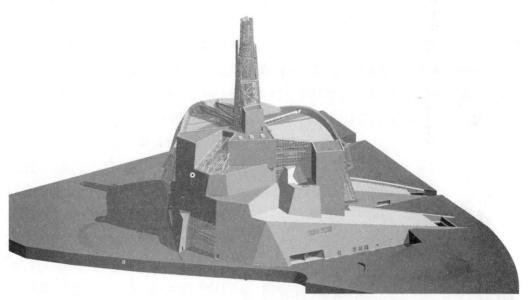

图 6.15　85% 深度的施工图中 BIM 模型北侧外观。加拿大人权博物馆；执行建筑师 Smith Carter；设计建筑师 Antoine Predock

　　和以前的工作相比，在 BIM 中工作的沟通是更简单了还是更困难了，或者有什么不同？

　　BB: 在 BIM 里隐藏最好的秘密就是沟通。这是建筑信息模型必需而又潜移默化的，你甚至意识不到需要多少交流，又进行了多少交流。这是 BIM 的巨大好处。在很多方面都更简单了，但在某些方面又更困难了。最近，在加拿大人权博物馆（CMHR, Canadian Museum for Human Rights）项目中，我们收到了一份浴室布局草图，它看起来很好——在墙体剖断的高度上是这样。但在那个高度之上有一个平面图上看不到的梁。回去找高级设计师或高级团队成员说布局不行是很难的。但别无选择而让初级员工去说因为这样那样的原因不行，就更难接受了。手绘图、CAD 和 BIM 之间最大的区别就是这种相互指导的感觉——你和高级团队成员坐在一起，他们看着你建模然后作出决定。你不会意识到，但你们在相互指导。而这不是强迫的——就像在 IPD 工作中，你必须有一名指导。这更加有机。你可以对旁边的人说，"这个怎么样？"因为在三维中工作，你可以说，"这样不行因为有这个问题。让我们改一下工作方式。这个怎么样？"它会促进相互指导，而这真的是你通过红线改图和反馈学不到的。你在同时指导上下两方。

在 BIM 里隐藏最好的秘密就是沟通。

——Brad Beck

描述一下你的 CMHR 项目工作流程。你是如何与内外人员合作的？这带来了哪些挑战？

BB：CHMR 是一个有趣的案例，因为一开始给了我们一套二维文件，然后签约要用这些文件建出三维建筑模型。最初我们的职责只是虚拟建造师。我们用图纸建出能建的东西。后来的情况发展得更加复杂、也更有收获，因为 BIM 的成果让我们公司赢得了负责建筑记录的 Smith-Carter 的信任，而这种信任扩展了我们的工作范围。它增加了我们在合同中的责任。当你超越了预期或合同的要求时，扩展的工作又可能是一把双刃剑。但这种超越对于 BIM 是有意义的，为了实现快速的流程和建造，每个人必须都参与进来。对这个项目整体而言，让BIM 的使用者承担更多的工作是有好处的。一旦把建筑大体建立起来，你就会看到冲突和碰撞，由于我们每天都在这个模型上工作，所以对于我们来说更容易指出模型中的问题并且进行协调。所以现在我们在协调建筑师和结构工程师，建筑师和机械工程师。甚至有时候记录建筑师要求我们去协调机械和结构，去协调顾问而不是协调他们和建筑。虽然情况看起来非常复杂，但他们充分相信我们能解决这些。无论谁在用模型都是这个流程的一部分，因为它在本质上就是每天你所做的事。至于工作流程，它已经变了——但我认为它在向积极的方向改变（图 6.16、图 6.17）。

图 6.16　主入口三维透视。加拿大人权博物馆；执行建筑师 Smith Carter；设计建筑师 Antoine Predock

图 6.17　外玻璃幕墙四层处三维透视。加拿大人权博物馆；执行建筑师 Smith Carter；设计建筑师 Antoine Predock

177　　**团队内外有人不熟悉 BIM 会产生什么影响？**

　　BB：从总体上看，这个和 BIM 本身没有太大联系。关于 BIM 是什么以及人们想学什么的问题存在一些误解。有些人更愿意别人冲上去，下载 Navisworks 然后建成一个 Navisworks 模型。我现在正和一位六七十岁的建筑师在 CMHR 团队中合作。这可能是他退休前的最后一个项目，而他不想学 BIM。但同一阶段还有一位年轻得多的建筑师刚刚上手，我也与他合作。BIM 提供了通观全局的手段，所以当你拿到建筑草图时很快就会知道什么行什么不行，因为你一直在用三维思考。这就给那些会用 BIM 的人带来了最大的优势，因为很多建筑师只习惯看平面图、剖面图和立面图。在 CMHR 项目中，我曾给高级团队成员做了一个三维剖面体让他们看，结果他们问，"我们可以看这个的平面或剖面吗？"因为他们不习惯看三维。

　　你有没有碰到任何重大问题？沟通方面？技术方面？协同工作流程方面？

　　BB：我们在 CMHR 项目中最大的障碍是让包括顾问在内的每一个人进入新的工作平台——离开二维 AutoCAD 的思维方式，进入三维 BIM 的思维方式。这非常困难，特别是 MEP 顾问，因为他们太熟悉二维工作和现场协调——而不是将管道放在准确的位置上。在最初的几个月里，顾问说，"如果不能用这个，我们可以随时返回 AutoCAD 并打出一套图纸。"由于模型是交付的成果，他们意识到不能再依靠 CAD 了。

　　到目前为止，你觉得 BIM 带来的最大好处是什么呢？

　　BB：相互指导是我从 BIM 工作中获得的最大好处。坐在一起，彼此学习。另一个极大的

178 好处是 BIM 促使你从施工的角度去思考，并理解如何建造。它能以远超过去的速度极大丰富初级员工的知识。在开始看施工时从三维中了解情况会比二维图纸上的红线简单得多。在模型中，你能更快地看到建筑是如何建成的。例如 Revit 中的堆叠墙功能。过去画两条线来表示墙。然后画墙剖面，再加上所有的细部。在 BIM 中，当你建墙的时候会想：好，这个房间要浇混凝土，底部三英寸是立梃的横轨，它将是浇头档。在第一个三英寸以上八英寸半是干墙，等等。所以，你在建模时就会想这些。到现场建造比绘图更容易理解施工的过程。施工工具和方法不会出现在细节中，但你在建模时真的需要了解它们（图 6.18 、图 6.19 ）。

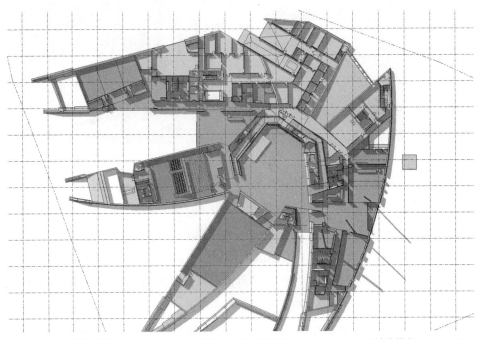

图 6.18 一层平面带阴影渲染图。加拿大人权博物馆；执行建筑师 Smith Carter；设计建筑师 Antoine Predock

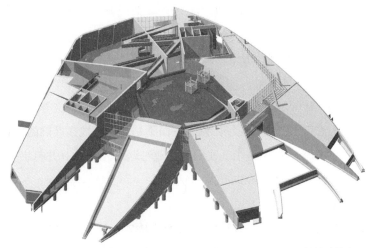

图 6.19 二层夹层轴测剖面体。加拿大人权博物馆；执行建筑师 Smith Carter；设计建筑师 Antoine Predock

相互指导是我从 BIM 工作中获得的最大好处。坐在一起，彼此学习。

——Brad Beck

你觉得建筑师应该改变哪些方面或做法，才能更好地利用这些虚拟工具？

BB：学习并理解施工技术可能是建筑师在今天和未来有效运用 BIM 的最重要的事。与承包商平等工作是建筑师要迈出的另一个关键步骤，而不是与承包商形成敌对关系。如果你打电话对承包商说，"我知道你需要抛光混凝土，但我要把这块石材放下去，而我不想在你抛光混凝土的时候把它弄湿——应该怎么施工？"承包商提出了实现你目标的方案。他们向你解释，"你放上顶料，我们把石材抬高一皮就能进行抛光了，之后我们就可以在抛光完成后放入底皮。"对于这样的沟通，建模更好，而不是画完图后希望承包商能懂。因为如果只是画图，那承包商就会浇顶料，放入石材，然后再回过头来抛光——这样就会有 2 英寸混凝土因为太接近石材而没有抛光。与承包商保持开放与合作才是正路。建筑师和承包商之间的敌对关系在 BIM 和整合设计中是行不通的。

本书的一个前提是，BIM 的成功实施需要改变这一技术使用者的态度和思维方式。这与支持新技术必需的最新软硬件不同——设计专业人员是可以控制的。你是否同意？对此有什么建议呢？

BB：尽管 BIM 需要改变这一技术使用者的态度和思维方式，BIM 本身并不比手绘图更复杂。BIM 是让建筑师和工程师去做他们一直说要做的事情。设计专业人员本来就有 BIM 所能实现的控制，但时间约束、预算——一切影响图纸绘制完备的因素——致使一些事情不得不转交承包商把控。在过去假如你没有时间绘图，就要依靠说明和文档去表达设计意图。BIM 能让我们有一个更全面的设计方案。这其实是合同要求我们做的事情。即使协调好一切并形成了完整的设计方案，但有时图中的问题就是无法解决。BIM 能让我们夺回在二维图纸中失去的控制——特别是在以模型为实际交付成果的时候。这是思维方式上一个很大的变化，但其实不是变化。它是一种认识：我们需要提供我们一直说会提供的东西。而 BIM 将帮助我们做到这一点（图 6.20、图 6.21）。

你进入建筑学校之前了解 BIM 的兴起吗？你是否感到这会是使你走出建筑师职业的因素？

BB：我不认为它会改变任何事情；我一直想成为一名建筑师。我成为一名建筑师的渴望要远高于软件应用。当然有这些软件很好，我也很高兴能使用它；但假如我们还在画手图，我还是会成为建筑师。业内的 Howard Roarks 可能不像我这么喜欢这个流程——但我相信大家在 BIM 环境中都有一席之地。Howard Roarks 当然可以学会这个软件并自己建立模型。不应该把协作过程看成是消极的事情。

180

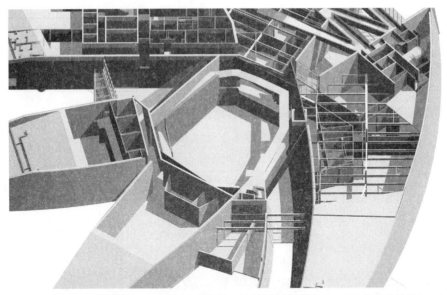

图 6.20　扩初完成阶段二层剖轴测。加拿大人权博物馆；执行建筑师 Smith Carter；设计建筑师 Antoine Predock

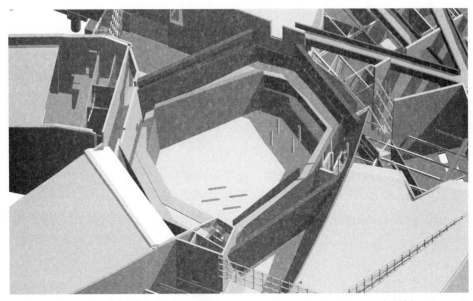

图 6.21　扩初完成阶段级大堂剖轴测。加拿大人权博物馆；执行建筑师 Smith Carter；设计建筑师 Antoine Predock

181　　**有人说 BIM 将主要由年轻的、新兴的专业人员使用。你是否赞同？**

　　BB：我完全不赞同。建筑信息模型所需的知识极多，因此需要有经验的人。对于整合设计的全过程也是如此。必须有经验丰富的专业人员和熟悉软件的年轻人。如果没有经验丰富的专业人员，软件的意义不过限于输入的信息。要是那个人不知道如何建造，那模型就不会是正确的。我相信整个行业都会这样发展。如果有经验的专业人员不想学习 BIM 软件，他们仍需要作为过程的一部分，告诉用软件的人如何建立虚拟模型。因此 BIM 的经验将由经验丰富的而不是新兴的专业人员推动。有的公司空出高级建筑师职位给更年轻的 BIM 操作员——我觉得这是一个可怕的想法。对于拥有从业十年、十五年甚至二十年经验和知识的人，公司淘汰这种知识积累似乎是一个巨大的错误。每个了解这个软件的新兴专业人员都需要一名高级员工参与到项目中（图 6.22、图 6.23）。

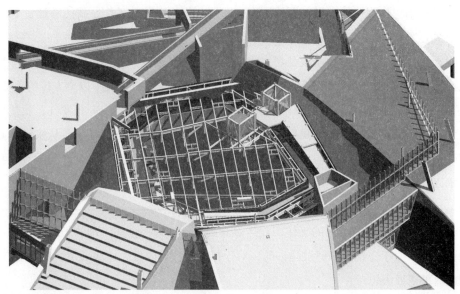

图 6.22 冥想花园轴测剖面体，花园楼板已隐藏。加拿大人权博物馆；执行建筑师 Smith Carter；设计建筑师 Antoine Predock

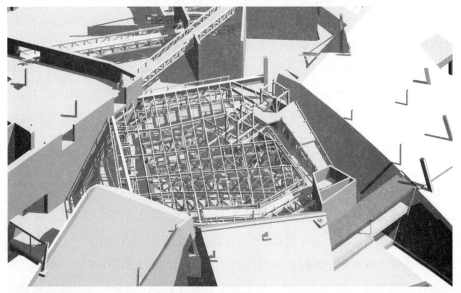

图 6.23 冥想花园轴测剖面体，花园楼板已隐藏——只显示结构。加拿大人权博物馆；执行建筑师 Smith Carter；设计建筑师 Antoine Predock

182　用 BIM 工作对你看待自己的建筑师身份有影响吗？你觉得用 BIM 工作给职业生涯带来好处了么？

BB：由于 BIM 的方式影响了我的工作，我当然看到自己作为一个建筑师的不同。我发现我对于空间的构想，对于建筑是如何被建造的，对于什么过程将要发生这些事情，变得更有信心。这些问题真的需要去思考。我发现自己不仅考虑三维，而且也考虑了四维——建立这些与实际场地结构都相符的模型将要使用多少时间。相比以前的工作，我能够通过 BIM 更加流畅地看到这一切是如何进展的。我能够以四维的视角来思考现场的施工工序。在接触 BIM 之前，我视察别的工程施工时就接触到这些，但随着 BIM 的使用我能够完全了解这些四维元素到底都是什么。通过 BIM 我能够针对我的决定进行更多全局性的思考。以全方位的角度来看，我都创造了什么，这些空间是什么样子的。这使你感觉似乎就在其中。我发现，我比以往任何时候都更快地获得知识。并且我意识到学习有着巨大的好处，尤其是学习从来没有真正在学校里讲过的东西，这些东西与功能性和实用性更相关，而不是形态、设计美学等。我学习建筑技术以及许多实用性东西的速度比我接触 BIM 之前快了很多。

由于 BIM 的方式影响了我的工作，我当然看到自己作为一个建筑师的不同。我发现我对于空间的构想，对于建筑是如何被建造的，对于什么过程将要发生这些事情，变得更有信心。这些问题真的需要去思考。

——Brad Beck

就你现在所了解的，你对刚毕业的新建筑师有什么建议吗？

BB：努力理解建筑是如何建成的。它将有助于你在使用 BIM 时优先考虑现场的建造问题。我还想建议他们不仅要明白建筑是如何建造的，还有其他东西是如何制造的，比如洗碗机和

183　冰箱。比如把收音机或汽车拆开，然后再组装回去。这将帮助他们更好地全面了解事物的构成，因为它们的体系和建筑并无二致。它们都是整合而成的。每一样东西都有一个特定的位置，而那就是需要它们的地方。把一个东西分解后再组合起来能帮助他们了解建造的过程，并进一步加深对建筑本身的理解。

用 BIM 工作是否对领导者有特殊的要求？

BB：BIM 的意义是放大了建筑师的领导作用。这个作用总是需要的，只是由于我们避开责任而失去了这个作用。BIM 可以帮助我们回归设计和建造过程中的领导者角色。BIM 通过让建筑师把信息输入模型和图纸保留他们的责任，而这是我们一直在逃避的东西，因为我们知道它可能在将来变成一场官司。当一个细部在现场出了错，你会先拿图纸看它是不是图上画得那样。如果一样，那就是建筑师的错。BIM 能让建筑师在建模时就考虑这个细部的可实

施性，避免出现问题。这样责任实际上就会减轻，因为这个细部已经过事先推敲，确保它不会出问题。BIM 将让我们重归领导者的位置（图 6.24、图 6.25）。

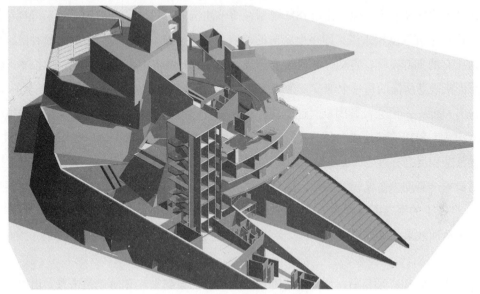

图 6.24　扩初完成阶段扩初模型与 BIM 体量模型对比。加拿大人权博物馆；执行建筑师 Smith Carter；设计建筑师 Antoine Predock

图 6.25　匹配建筑剖面的剖轴测。加拿大人权博物馆；执行建筑师 Smith Carter；设计建筑师 Antoine Predock

你在做一个几乎没有平直墙面的项目。这样的项目适合 BIM 吗？理想的 BIM 项目是否应该仅限于直角和重复性元素，而用其他虚拟工具去做更大胆的造型呢？

BB：BIM 是没有任何限制的。对于 CMHR，即便我们将软件用到了极致，我也不认为可以不用 BIM。或者说是可以做到的——只是不会这么成功。我这么说，是对现在项目过程中185 所有的缺陷心知肚明。我无法想象，如果在六十年前，这样的建筑如何在规定的时间内建成。BIM 让可视化容易多了。你不能把 BIM 限制在简单建筑上，只是因为 BIM 更便于可视化简单建筑。你甚至可以反过来说，即一个简单的建筑不需要 BIM。当一切都是正交的时候，你可以知道所有的细部在哪，各构件如何组成建筑。但在像 CMHR 这样的建筑中，你根本无法通过二维图纸表达所需的每一个细节。在这个意义上，你不用 BIM 就几乎无法做出复杂的建筑。或者说有可能——但会极其困难。这个软件在未来将会使复杂的造型更容易建立，但这也是一把双刃剑。BIM 的好处之一是，建立这些复杂的造型是非常困难的，但你知道在实际建造的时候复杂程度会有过之而无不及。因此，当你在做一面倾斜的弧墙时——我们现在就是——可能需要一个星期来搭建三维模型。这会让你意识到，"哦，现场的工人把这建起来可要费不少工夫。"眼下的困难可以看成一种好处。假如这些复杂的模型在 BIM 软件里很容易构建，那就会带来负面效果。虚拟建造太容易就会让人无法意识到现场施工的困难（图 6.26、图 6.27）。

在完成多个 BIM 项目后，你是否认为 BIM 的时代已经到来？ BIM 就是未来 / 出路么？

BB：我再也不想打开 CAD 了！我再也不想用 CAD 画图了。BIM 绝对是将建筑设计方案交给客户和承包商的理想方式。它非常全面，信息丰富。相比之下，在建筑师的控制下返回186 二维制图并用二维图纸进行说明就是一个错误。你必须用三维建模，将全面的设计方案交给客户和承包商。

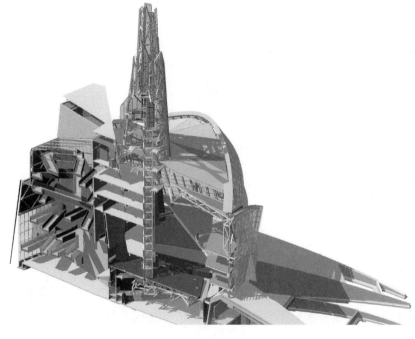

图 6.26 "希望大厅"处的轴测剖面体。加拿大人权博物馆；执行建筑师 Smith Carter；设计建筑师 Antoine Predock

图 6.27　30% 施工图深度的建筑整体剖面渲染。加拿大人权博物馆；执行建筑师 Smith Carter；设计建筑师 Antoine Predock

你觉得建筑师比承包商更适合领导这个工作吗？

BB：建筑师最终将成为建设流程的领导者。BIM 仅仅是一个可以让我们夺回失去的领导位置的工具。如果你问承包商是否想成为 BIM 圈的领导者，他们会说不，并避开由此带来的法律责任。

如何解释所有承包商都欢迎 BIM？

BB：他们先于建筑师认识到了 BIM 的好处。承包商看到了 BIM 带来的好处与协调性，并认为建筑师现在没有这样做。我们会去做的——不论怎样挣扎——因为我们需要它来协调工作，但不是为了领导者的角色。承包商可以用 BIM 有效管理他们的项目，但从总体上看，他们更希望让建筑师负责——由建筑师交给他们模型，从这个模型中得到所有的信息，而不是自己建模。还有人相信 BIM 会产生相反的效果——开始淘汰建筑师，因为有的承包商完全可以自己做这些工作。我不同意这一点。承包商现在用 BIM 是因为他们看到了建筑师没看到的优势——但建筑师会看到的。一旦建筑师看到 BIM 的价值和应用范围就会回归他们的位置（图 6.28、图 6.29）。

你团队目前的领导结构是怎样的？这种结构从何而来？是否有公开或非公开的等级制度？这些等级是指定的还是努力得来的？它是否由人的性格决定？

BB：我们有书面的等级制度。Antoine Predock 办公室的墙上贴着一个单子，从上到下列出了所有人。但实际感受是完全不同的。公开的等级和实际情况总是有区别，对吗？这个公开的等级会因性格、信任度、实际需求和舒适度被忽视——但不是因为 BIM。依我的经验，

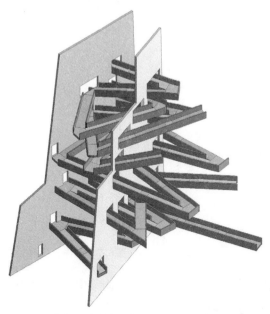

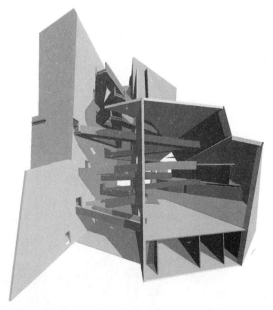

图 6.28　扩初完成时的"希望大厅"三维轴测，只显示坡道和楔形墙体。加拿大人权博物馆；执行建筑师 Smith Carter；设计建筑师 Antoine Predock

图 6.29　扩初完成时的"希望大厅"三维透视，只显示坡道和结构。加拿大人权博物馆；执行建筑师 Smith Carter；设计建筑师 Antoine Predock

你总会去和某个人合作——不管他是不是你应该去合作的人。我做过的每个项目都有这样的情况。百分之九十这都是性格决定的——你能否与人和睦相处。

187　**一个领导者对使用 BIM 的项目团队有多重要？**

　　BB：无论二维、三维还是四维，领导都是必需的。BIM 只是让建筑师在整个过程中发挥更大领导作用的工具。

　　BIM 是否给新兴专业人员带来了在它广泛应用之前没有的领导机会？

　　BB：只是在我们这个初期阶段。我的公司就是技术给新兴专业人员创造机会的典型。三个主要负责人的年龄比大多数设计人员都要小。我把原因归为他们在 CAD 刚刚成为标准时就加入了公司。这为他们提供了真正展现自己技术专长的机会，使之成为公司的人才，平步青云。不少新兴专业人员由于掌握技术得到升职，但到大家都使用 CAD 之后就没有这种情况了。那个机会一去不复返了。随着 BIM 在业内的普及，这种机会也将不复存在，因为所有人都开始运用这项技术了。现在是利用 BIM 得到领导机会的黄金时期（图 6.30、图 6.31）。

　　对于 BIM 还有很多需要学习的。为有效利用 BIM 工作，你是否认为抛弃某些东西是同样重要的？

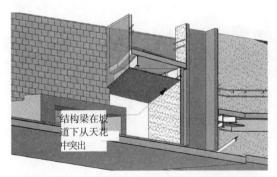

图 6.30　宽缘梁与建筑完成面的协调。加拿大人权博物馆；执行建筑师 Smith Carter；设计建筑师 Antoine Predock

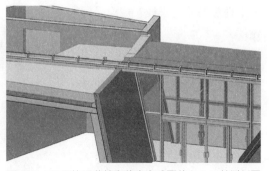

图 6.31　用于协调幕墙和外表完成面的主入口轴测剖面体。加拿大人权博物馆；执行建筑师 Smith Carter；设计建筑师 Antoine Predock

BB：你肯定要把 CAD 留在过去。BIM 软件与 CAD 截然不同，有大量的东西需要抛弃——从手绘图到 CAD。表现建筑的方式也不一样了。BIM 是按比例建造的三维虚拟模型。尽管现在的成果还是二维的，随着 BIM 的发展进步，你的成果将是模型。这是最终的目标——你无须再出图。这是你的模型———一切就绪。你要抛弃旧的软件和工作流程，并学习新的模式。我们在专业上最需要重新学习的就是我们在流程中的位置。我们已经失去了大匠或总建造师的地位——现在 BIM 给了我们机会重归自己的位置。我们能否抓住这个机会则是另外一件事情。　188

学校绝对是学习 BIM 的地方。尽管学校的必修课已令人不堪重负，BIM 应该在大一的第一季度就学。这样一来，整个在校期间你都会采用 BIM 带来的建筑全局观。

——Brad Beck

你认为 BIM 的学习要在学术领域，还是应该通过实践，或者学生在校期间或毕业后用自己的时间学习？　189

BB：学校绝对是学习 BIM 的地方。尽管学校的必修课已令人不堪重负，BIM 应该在大一的第一季度就学。这样一来，整个在校期间你都会采用 BIM 带来的建筑全局观。如果一开始就教 BIM，学生就能像海绵一样吸收一切，第一年之后也就不用再重复，因为他们已经在运用了。正如我前面所说，你能从软件中学到很多关于建造的知识。BIM 是一个杰出的学习工具。这不仅仅是学习软件，而且是学习施工及可实施性。大多数 BIM 软件都有很好的插件，让你能最终掌握建造的方法和工序。如果按照程序的步骤建造模型，你就可以看到施工的工序。这些工具对学术是很有用的，因为这些信息很难在现实世界中得到，时间和预算都不允许做施工的分阶段模型。

对于 BIM 项目，你是否有推荐的大小、规模、范围、新建或改造条件？ BIM 应用是否有　190

一个理想的公司规模？规模是问题么？

BB：这些不是问题。BIM 适用于任何规模的企业和任何规模的项目。

至今，你与设计团队其他人使用 BIM 工作的感受是什么？是齐头并进，还是某些专业会落后？

BB：MEP 工程师会落后。他们习惯于为建筑设计系统，而不是全面协调。找出所有管道的

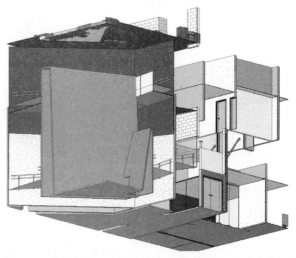

图 6.32　大堂（Great Hall）建筑协调的仰视图。加拿大人权博物馆；执行建筑师 Smith Carter；设计建筑师 Antoine Predock

去向之后，就交给工程师或施工图，而不是给现场的承包商。这需要从他们那里改变。但愿早日实现（图 6.32~ 图 6.34）。

既然你已经使用了一段时间，我想再问一遍：BIM 是一种工具、（CAD 的）进步还是革命？为什么？

BB：我会总和起来说：BIM 是一个革命性的工具，让建筑师能真正呈现一个完整的、协调的设计方案而无须说明，同时赋予建筑师在设计和施工过程中最高的领导角色。

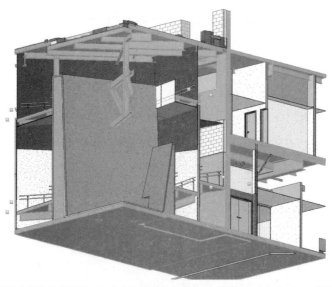

图 6.33　大堂结构协调的仰视图。加拿大人权博物馆；执行建筑师 Smith Carter；设计建筑师 Antoine Predock

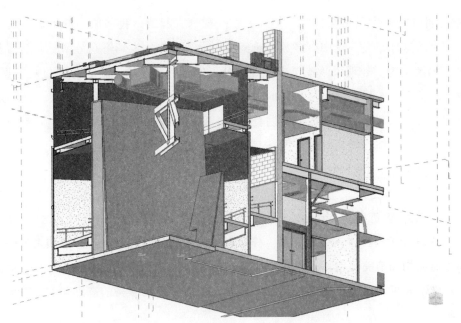

图 6.34　大堂机械协调的仰视图。加拿大人权博物馆；执行建筑师 Smith Carter；设计建筑师 Antoine Predock

访谈 9

Charles 除了担任主任外，还是建筑师、GSA 公共建筑管理局区域恢复执行主管。

你在 GSA 中有许多身份：建设主管、运行部经理、商业发展顾问、项目经理和建筑师。你认为这些身份中受 GSA 应用 BIM 影响最大的是哪个？

Charles Hardy（CH）：并没有哪个受影响最大。每个身份或多或少都会受到 BIM 中的信息 "I" 的影响。这种信息的产生、管理和应用使它对公司的所有部分都有价值……并能让信息转化成知识。

在 1991 年加入 GSA 之前，你曾在多家公司担任建筑师，负责房地产开发和办公楼设计。你是否感到 GSA 让你的职业获得了重生？你是否认为 GSA 应用 BIM 给你带来了新的挑战？

CH：现在是前进的时候了。我并不把现在的职位视为 "重生"，而是新的挑战和机遇。人必须不断地寻找结合点以实现增长。我认为 BIM 及其影响和在运行中的应用让我们去关注行业的许多宏观问题：协作、培训与教育、信息管理、设施有效的可持续管理、行业吸引力等诸多问题。挑战？没错。

作为 CURT、CMAA 等建设行业组织董事会的建筑师，你经历过设计与施工间的文化冲突吗？

CH：目前行业中仍存在冲突，但和万物一样都有起伏。我坚信，近年来还没有哪个阶段会像今天这样，在系统中有多数人希望看到通力合作。人们愿意分享更多的信息并互相融合，无论是为了展现团队成员的技能、分工发展的实际情况，还是项目的宏观利益。当然我们总会有一些目的感不尽相同的人。这是我们无能为力的。我们需要关注的是什么能够有用，为什么有人对数据的准确性有疑虑。我们需要关注有效的东西，调查为何有些人担心数据的准确性，确定其合理性，并解决这些问题。最后，我们必须了解意图、分享意图并实现意图。

国会议员和建筑师 RichardN・Swett 在他的书《用设计去领导》（Leadership by Design）中鼓励建筑师走入公众生活。作为各种组织的董事会成员、理事和主席——以及在联邦政府机构和前美国空军后备役的职位——你似乎实现了 Swett 关于公民—建筑师的理想。从你的角度看，你觉得这一行业的专业人员能从公共服务的态度和 / 或工作中多受益一些吗？

CH：和许多公共服务业中的人一样，它对我既是职业也是使命。"公民—建筑师"或"公民—无论身兼何职"的理念是合理的。我相信我们首先是这个伟大共和国的公民，同时我们要努力使她强盛。我发现自己贡献时间，无论是服务于某个机构、军队或是国家，都会得到丰硕的回报。我欣赏一些生命并无交叉的人的观点，我欣赏经历过的领导模式以及遇见的多位导师。当我评估自己对别人的贡献时，我发现它与我的所得相比微乎其微。

作为一名建筑师，你在与其他建筑师的合作中已经成功地运用了你受过的培训和教育，突破了别人眼中典型的建筑师角色。你认为对新技术的需求和挑战——及由技术带来的协作流程——会鼓励还是阻止建筑师走出他们的能力范围呢？

CH：我认为这只会鼓励他们探索专业以外的世界。随着 BIM 打开积极合作的大门，它使人们有了去了解项目合作伙伴工作的渴望和需求。它使建筑设计师更多地参与策划、施工、运营和维护。如果能有效发挥建筑师的作用，还能继续参与，直到他们协助建成的设施被拆除或改造。这种鼓励融合了渴望与生存。

作为 3xPT 指导小组（CURT、AIA 和 AGC 之间的合作行动）成员，你认为建筑专业与施工行业人员之间合作的潜力是什么？

CH：我看到了迄今为止了不起的工作，也看到了更大的潜力。我们再也不能守在自己的业务线上，按照合同要求的最低服务使利润最大化。3xPT 和（在我看来）这个行业都同意，只有先保证项目的需求再实现我们的需求，行业才能发展。我想这就回到了"公民—建筑师"的讨论。我们都需要做项目的好公民。

当工作很充裕的时候，建筑师有时会嘲笑承接政府项目的人。在今天这样不景气的时期，无疑会出现很多工作充裕时不曾有的公司。建筑师及其他人对政府工程的这种见风使舵是给自己抹黑吗？

CH：我认为是的。在私有工程低迷的时候，很多人会去找公共部门的工程。不过，那正是他们步人后尘的时候：这是很好的工作、很好的挑战、很好的机遇、很好的合作者。公司必须决定他们的商业发展模式。公共工程带来的机会是惊人的，而我发现，许多人带着慢条斯理的官僚成见而来，走的时候却是与行业领袖共事的感觉。

GSA 的国家级三维 – 四维 BIM 项目处于行业领先的地位，而 GSA 对于全面整合设计的期望似乎并没有那么迫切。你能预见或指明未来五到十年 GSA 在 BIM 和 IPD/ 整合设计中的发展方向是什么吗？

CH：我们不断创新、适应和应用。展望五到十年总是很困难的。作为业主，我们的关注在于设施的运行和维护。我们的重点仍然是如何使这部分成为主流的对话和实践。有一些已经成功了，但我们需要做更多。我们仍需创新。信息管理需要更加可靠，本质上就是材料库，让用户能存入和读出模型，从而保留模型的完整性和实用性。我们已经开始讨论如何将 IPD 用于联邦政府的框架中，并从最初的会谈中受到了鼓舞。虽然仍有很多要做，但我们和整个行业有一个共同的愿景（图 6.35 ）。

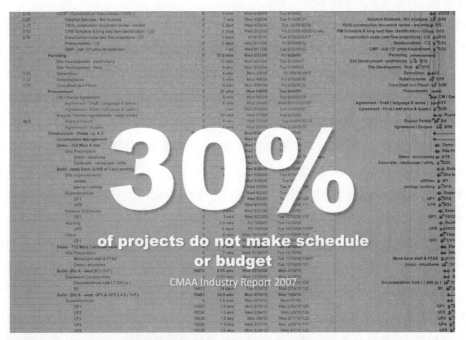

图 6.35　30% 的项目超过了进度和预算（资料来源：Tocci Building Companies and KlingStubbins ）

有一些已经成功了，但我们需要做更多。我们仍需创新。

——Charles Hardy

Casey Jones 是美国总务管理局的优秀设计与艺术（Design Excellence and the Arts）部门总监。他负责提高联邦政府委托的艺术和建筑项目的品质。在 GSA 中，优秀设计在什么方面与 BIM 交叉？还是说这两者是相互独立的？

CH：BIM 是实现设计的工具。我个人认为 BIM 在让人们做本该做的事。这对于优秀设计的意义是，BIM 应该解放建筑师的时间，让他们更专注设计，尝试更多的方案，使最后的项目成果超出优秀设计的预期乃至客户的预期，最终是美国人民的预期。

194

GSA 的 BIM 规定要求在概念设计阶段使用 BIM。当然，BIM 远远不止在这个阶段让业主受益。考虑到逐步启动的需求以及对快速成功的要求，你个人在初期阶段之外看到了哪些应用 BIM 的潜力？

CH：在初期阶段之外 BIM 还有很多用处，但 GSA 规定让人们去行动。我还没听说任何一个项目在初期阶段之后就抛弃 BIM，让团队又重回老路的。每个团队都做了不同的改进，并根据手头的项目和任务进行了创新。模型在设施运行和维护中的应用是关键。那是你应用最充分、最好的时候。此外，随着我们项目周期的推进，吸取一个项目的信息并用于下一个项目的策划，是需要进一步探索的另一个领域。

在 GSA 要求使用 BIM 之前，建筑师不得不拿出人们不想看到的建筑预算信息。例如 GSA 在布鲁克林 Cadman Plaza East 的联邦法庭项目，它是由 Cesar Pelli 和 HLW International 在十年前设计的。BIM 是否凭借其碰撞检测和大量数据，从根本上排除了公司为项目预算辩护的必要性，同时提供了过去公共工程通常需要的价值工程方案吗？GSA 的 BIM 规定是否减少了一些人对预算过高的看法，以及一些人对策划的不满？

CH：与其说是 BIM，倒不如说是 BIM 的社会影响。协作已经缓解了一些问题，并且减少了一些对他人的风险。GSA 一直在采用施工经理任建造商（CMCs）方法。我们让施工承包商参与设计过程，他们带来的信息受到建筑师和业主双方的欢迎。阶段分期、物流、材料成本、劳动力供应只是总承包商能够提供的一小部分帮助。信息是非常有用的，而更多方的参与和更广泛的意见通常能带来更好的信息。那么回答你的问题，BIM 带来的沟通和对话减少了这些意见。

在委托销售商应用 BIM 的过程中，GSA 率先看到了 BIM 将广泛用于整个行业的前景。在 AECO 行业中，你认为谁将最终获得 BIM 设计流程的领导地位？为什么？建筑师、承包商、

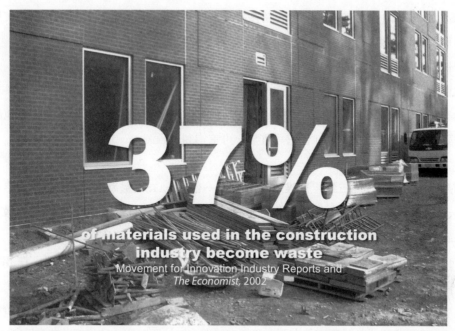

图 6.36　施工行业中 37% 的材料被浪费（资料来源：Tocci Building Companies and KlingStubbins）

业主、还是第三方协调员？

CH：这是一个很难回答的问题。当 CURT 在看如何优化项目团队的时候，让最有资格回答的团队成员去回答。这里面的前提是，并不是每个团队都由"优等"成员组成；当某人任某职时，他可能没有全面的新技能组合去完成全部工作。这样，每个团队都需要确定谁是最好的策划者、创新者、问题解决者、演讲者等等，并让他们担任各职——团队因此而更强大。BIM 也是同样。BIM 中的领导者应该由团队成员中最有能力胜任的人来担当（图 6.36）。

假如现在开始建筑生涯，你是否感到会被目前新建筑师需要学习和掌握的东西——可持续性、能耗分析、整合设计、BIM、三维可视化工具等等——激励、打击、挑战还是压倒？

CH: 我认为这对我来说是极大的鼓舞和挑战。当我大学毕业时，有很多东西要学习，也有很多东西还没有学习。当听说（建筑）学院与学校里相应的建设管理专业联合开课时，我很羡慕。当我看到 BIM 自身教授的施工手段和方法体系时，我看到了它教育的潜力。我看到了建筑和施工管理院校可喜的成果。

IPD 是我们正在研究的，但是和施工管理一样，这个词增加了很多的含义。GSA 需要针对我们的业务模式确定整合工作交付、整合项目交付、整合设计以及其他所有与此相关的名称对我们的意义。

——Charles Hardy

GSA 的 BIM 的目标或"规定"现在并不要求使用 IPD 或整合设计。请你解释一下 GSA 的 IPD 和整合设计目标。

CH：IPD 是我们正在研究的，但是和施工管理一样，这个词增加了很多的含义。GSA 需要为我们的商业模式说明整合工作交付、整合项目交付、整合设计以及其他所有相关名称对我们的意义。正如迄今为止我们所看到的，很多整合设计的实践目前都是由全国各地的 GSA 项目团队完成的。问题是你如何让它可重复、可重构和可预测。

作为美国总务管理局三维 – 四维 BIM 计划的一部分，GSA 鼓励互用性。虽然程序可以互相沟通、传递信息，你有没有发现和你共事的各个专业和团队也能做到这些？ GSA 做了哪些努力来鼓励销售商相互交流、达成一致？

CH：GSA 会坚持推行互用性。初始的规定要求我们使用 IFC。为了让"信息"在 BIM 中能够全速运转，我们就需要互用性。随着我们将 BIM 变革推进到运维阶段，它变成了一个更强烈的需求。我认为在行业范围内我们已经迈了很大一步。我们仍然需要把目光集中在有价值的东西上，并保证我们提供的是所需的东西。我们支持那些专注于互用性的组织，并鼓励行业参与。

回顾你在 GSA 的职业生涯，你在 BIM 应用中最大的困扰是什么？

CH：值得庆幸的是，我可以说我真的没有。

在将 BIM 纳入并用于工作流程的过程中，有什么社会影响——相对于技术和商业影响——是 GSA 必须应对的，比如新的沟通方式；什么是从中受益的，比如改善的沟通？

CH：让人们在合适的时间加入一直是个挑战。而一旦加入，就要让他们开放共享信息。然而，我们已经看到了在团队协调好之后这样做的巨大好处。那种协作、对话、解决问题给人的感觉真的很棒。而和今天所有的信息一样，最大的挑战不是给人们灌输信息，而是把正确的信息传达给正确的人。而这需要进一步的研究。此外，仍有一些"老派"参与者因为某些神秘的教条不共享他们的信息；还有的在劝说下也不共享。这两种情况都需要教育并能够解决。

你有没有发现 BIM 会因为年龄、经历或技术限制把一些设计专业人员排除在外？

CH：没有。我发现唯一能把人排除在某些事物之外的——包括 BIM——就是人的渴望和动力。这是选择的问题。（图 6.37）

在五大湖地区，你、建筑师 Richard Gee 和首席项目经理 Michelle Wehrle 被 GSA 认为是"BIM 先锋"。为什么要突出 BIM 先锋？在你看来，给某些 GSA 员工这种称号对他们的职责、专业身份以及对组织内和公共关系的形象有何影响？

图 6.37　美国 38% 的碳排放来自建筑，而非机动车（资料来源：Tocci Building Companies and KlingStubbins）

CH：实施 BIM 先锋计划是为了找到每个区域的倡导者，让区域内外的人就 BIM 进行交流。他们一般都是应用 BIM 的人，并看到了 BIM 巨大的实施潜力。它使公众更容易接受，并使机构内部能就共同工作展开有效对话。BIM 已经超越了宣传需求和应用的阶段，但仍需倡导者帮助人们加入，分享最佳和最差实践，并最终培养出其他"先锋"。

在倡导更多的协作和整合设计的视频《GSA 建筑信息建模之旅》中，GSA 公共建筑管理局的 Stephen Hagen 问道："我们应该走多快？明年我们就做这个么？我们对建设行业的挑战是什么？"你是否觉得，GSA 在某些程度上超出了自己的目标，是在推动建设行业向整合设计和协同工作继续进步？

CH：我们是与合作伙伴共同完成任务的。秉承同样的理念、迈着同样的步伐会给大家都带来好处。GSA 在许多设计和施工创新方面都是领导者，但它需要团队来实施。我们是变革的催化剂？但愿如此。我们在挑战建筑行业和我们自己，使我们进步？毫无疑问。整合设计与协同工作都是关于重视成果的"团队"的。只要能激励为优化、高效项目的设计和施工而组建的团队，什么事我们都会去做的。我们越是鼓励和引导这个行业，让人们进行合作，我们就越能专注于手头真正的任务（图 6.38）。

通过 GSA 的 BIM 规定，你是否觉得作为建筑业主，GSA 能启发或强迫设计专业人员实现优秀设计和更好的作品？

CH：我认为你不能强迫别人去做任何事，以达到你要求的品质。你需要去启发。你需要让别人了解你的意图，分享你的热情，欣赏共同的愿景，实现共同的目标。

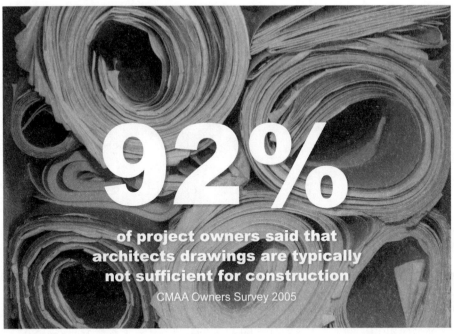

图 6.38 92% 的项目业主表示建筑师的图纸通常不能够满足施工需要（资料来源：*Tocci Building Companies and KlingStubbins*）

注释：

1. John H. Lienhard，"The Medieval Mason"，1988 年，http://www.uh.edu/engines/epi1530.htm

2. www.wikepedia.org

3. Julie Gabrielli and Amy E. Gardner，"Architecuture"，2010 年 5 月 28 日，http://www.wbdg.org/design/dd_architecture.php

4. Inga Saffron，"City's Green Groundbreakers: Erdy McHenry, Architect as Master Builder"，Philadelphia Inquirer，2010 年 1 月 7 日，http://articles.philly.com/2010-01-17/news/25210169_1_design-firms-celebrity-architects-architects-focus

5. 同上

6. Paul Durand，作者访谈，2009 年 8 月 23 日

7. Paul Durand，*Winter Street Architects Blog*；"Biting the BIM Bullet"，2009 年 8 月 20 日，http://winterstreetarchitects.wordpress.com/2009/08/20/biting-the-bim-bullet/

8. Aaron Greven，作者访谈，2009 年 8 月 9 日

9. 同上

10. David Celento，"Innovate or Perish: New Technologies and Architecture's Future"，*Harvard Design Magazine* 26（2007 年春 / 夏）

11. Andy Stapleton（Mortenson Construction），作者访谈，2009 年 12 月 15 日

12. Kimon Onuma，"BIM Ball-Evolve or Dissolve: Why Architects and the AIA are at Risk of Missing the Boat on Building Information Modeling（BIM）"，公开信，http://www.bimconstruct.org/steamroller.html，2006 年

13. 同上

14. Gabrielli 和 Gardner，"Architecture"

15. Stephen Kieran 和 James Timberlake，"Refabricating Architecture"，纽约 McGraw-Hill 出版社，2003 年，31

16. Phil Bernstein，作者访谈，2009 年 10 月 15 日

17. Stapleton，访谈

18. Rumpf，访谈

19. Bill Reed and 7 group，The Integrative Design Guide to Green Building，新泽西州霍博肯，John Wiley& Sons 出版社，2009 年

20. Bernstein，访谈

21. Rumpf，访谈

22. Yanni Loukissas，作者访谈，2009 年 10 月 15 日

第 7 章

学习 BIM 与整合设计

图 7.1 百分之百的 BIM（资料来源：Zach Kron，www. buildz.info）

把 BIM 引入到工作中也有教育和培训方面的意义：这对公司和工作的影响都很大，尤其是刚毕业就入职的大学生。BIM 会影响人力资源、雇佣政策、招聘以及公司的人员组成和组织架构。

对于建筑师来说最终目标是领导工作流程并为所有的参与者创造终极的 BIM 与整合设计体验。这不是学习软件的问题。问题在于熟悉工作流程以及习得这种意识的途径。

BIM 教育和培训的影响

在建筑学校灌输的理想与实现这些理想的技术知识是成功建筑的两个重要部分。[1]

——Kimon Onuma，"Evolve or Dissolve"

Kimon Onuma 在公开信《发展或灭亡》（Evolve or Dissolve）中提出建筑师的教育和培训是发展的平台。[2]这就是教育——支持目标、发展事业的基础。

当我看到 BIM 自身教授的施工手段和方法体系时，我看到了它教育的潜力。我看到了建筑和施工管理院校可喜的成果。

——Charles Hardy，作者采访，2010

在过去的数年中，越来越多的学校、教学计划和课程提供了 BIM 研究课以及使用 BIM 相关软件的课程。

建筑学的职业学生和博士正在开展研究，推进人们对 BIM 及整合设计影响的理解。

你怎样学习 BIM？

你学的是 BIM，还是 Revit 或 ArchiCAD 等软件？

学会 BIM 意味着什么？

此时，你应该能够区分作为过程的 BIM 和作为工具的软件。BIM 教育并不是学习软件，而更多的是使用软件的过程。学习 BIM 不同于学习 Revit 或 ArchiCAD。作为一个经验法则，记住：通过培训用 Revit 或 ArchiCAD 工作；通过学习用 BIM 工作。

虚拟建筑很早就已问世。建筑师像孩子一样，曾经用乐高积木学会一砖一瓦地盖房子。现在孩子们用虚拟的一砖一瓦在线盖房子。[3] 学校有机会用 BIM 作为设计和施工的教学工具，而不只是毕业后从业者探究的工具。这个过程必须逐步习得——它不是从业者与生俱来的东西。

一旦走出高校，没有什么激励措施——除了雇主给未来毕业生的压力——去提供 BIM 教育和培训。为了资格鉴定，国家建筑认证委员会（NAAB）学生考核标准要求毕业生证明在多个领域的认识或能力，比如批判思维技能、图形技能、先例借鉴、人类行为以及建筑系统整合。但哪个大学建筑教学计划中都没有教授计算机软件技能的要求。

关于整合设计，依据国家建筑认证委员会的标准，理解协作技能变得更加重要，包括识别在职业实践中跨学科设计项目团队以及与其他学生组成设计团队协作的多种天赋的能力。

从教育的立场看，年轻的员工和新兴专业人员被要求用 BIM 完成整个建筑。过去这些初级员工集中在局部的重复细节上——例如卫生间或柱子的细部、修改别人的红线，或只参与一个阶段的工作（如方案设计）——有了 BIM，他们就能参与整个虚拟建筑模型的设计和细化。

新兴专业人员在哪里学习如何建造？（图 7.2）

对 BIM 的学习与摒弃

对于 BIM，学习新技能与放弃某些过去的习惯同样重要。我们已经讨论过，学习 Revit Architecture 甚至 ArchiCAD 等软件对于以前接受 CAD 培训的人来说更加困难。正如 Phil Bernstein 在采访中所说，我们对于自

203

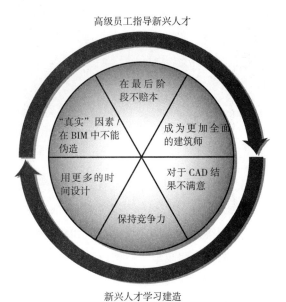

图 7.2　使用 BIM 与整合设计的动机、竞争优势与好处。你得到了多少？你能得到多少？

已在设计和施工中角色的认识已经根深蒂固，而任何整合的努力都需要特别留心："我们已经适应了这种文化，甚至长达数百年。让自己放弃这种本能真的非常难。"[4] 在 IPD 方面，Howard W. Ashcraft Jr. 谈到了放弃合同关系。[5] 在最开始使用 BIM 与整合设计时，协作和领导力是不需要学习的。相反，为了在这些方面的进步，我们应该把最初的努力集中在忘却文化培训上。

我们需要的是一个进修课程——并在我们发现自己退回旧习时反复提醒。根据 Andrew Pressman 的说法，

> 许多学术课程仍在培养期望用毕生精力成为一名孤独的英雄建筑师的学生。但整合实践无疑在刺激人们重新思考这个问题。教学注重的不能仅是如何设计和做细部，还要有如何与他人合作并领导他们，以及如何与未来可能共事的专业人员协作。[6]

Pressman 继续说道，

> "设计－招标－建造正在被其他交付方式取代的想法已经影响到未来建筑师的特定技群，乃至未来的建筑教育。"在美国建筑师学会会员、阿拉巴马州奥本大学建筑学课程主席 David W. Hinson 看来，这种模式的转变意味着施工阶段将同设计阶段一样具有协同性。"在团队中工作的重要性将贯穿项目的更多阶段，"Hinson 说。协作和协商的艺术必须纳入大纲中的各个课程，包括设计工作坊、建筑技术和职业实践。[7]

学习 BIM 的最好场地是什么——社区、公立或私立学院？销售商培训计划，是现场还是办公室？Autodesk 大学、在线培训、教程、网络研讨会、播客、一对一授课或者书本？甚至有 BIM 夏令营、新兵训练营和工作营。分销商、顾问和培训机构——以及在线服务提供商和建设公司——已经在参与解决一些软件和技术问题。他们也有自己的目的，所以在提供建议并兜售产品或服务时并不是客观、可信的行业顾问。

BIM 及整合设计对建筑教育的影响仍在评估中。教育对于大局和工作流程的把握是很重要的，但要把 BIM 带到一个新的水平，培训方案是至关重要的。

204

BIM 培训

你投入时间、精力和资源来读这本书，将保证你走在这个主题的前沿。BIM 及整合设计会对培训和专业发展产生非常大的影响，所以不管提前花多少时间来理解宏观的概念都是非常值得的。可以把本书视为你培训的一部分。

在拮据的时期，往往会从预算中削减培训。为了保持生产率和效益，公司的承包商需要培训你应用 BIM。培训将保证正确的使用程序和新的工作流程。

培训的衰减

关于培训人们最关心的一个问题是应该什么时候进行。培训在记忆保留方面有诸多因素要考虑，而时机可能是最重要的。据估

计，培训中学到的东西在 30 天内会忘掉 80%。而更明显的是，66% 的东西会在一天之内忘记。[8] 有大量的方法可以让你巩固所学的东西，包括以培训结束立即应用的方式，让学员有机会把所学的东西转化为习惯。例如以试点项目的形式对现有的或新的建筑进行建模和记录。不应用的知识会遗忘；应用的知识会保留。

巩固所学知识的最佳方式就是应用。"我们在早期 ADT 培训中有很不好的经历，"Perkins+Will 的首席信息官 Rich Nitzsche 说。

我们只是不想再犯这些错误。对于 ADT，我们采用了广撒网的培训方式。我是坚信培训衰减的人。对于 Revit，我们很清楚我们要做的是即时培训。我们采取了 Autodesk 的五天培训方案，并压缩到了三天。在这个公司几乎没有人可以连续五天参加培训。所以我们自己提供培训。我们组织了一个移动培训方案，有一个完整的工具包，包括八个笔记本电脑、路由器、投影仪，运到全国各地。我们的设计应用经理会随地提供培训。每个人都用同样的资源得到同样的培训是相当关键的。我们还做了一小部分外包——在这种情况下培训也会使用我们的方案。因为我们公司内部没有足够的人手。培训与以前相比没有那么困难，但仍然是一个挑战。[9]

Nitzsche 发现根据技术定制培训方案效果最好：

我们必须调整我们的培训，因为我们现在更加了解 BIM 是如何工作的，特别是大型团队的工作流程。应用已经变了，培训的内容也改变了。我们开始关注具体的需求，而不是一刀切的交付成果。我们要定制方案——一个独立的室内和城市设计培训方案。[10]

如果你把时间和精力放在技术上，你也必须重视员工培训。培训可以为公司带来竞争优势——至少保证公司不会落后。公司要找到替代培训方式，并决定是让了解公司工作方法的人来做内部培训，还是让外部的专业培训师来做。为你的公司或团队制定培训策略是至关重要的。[11] 后续培训和职业发展也需要策划，促使 BIM 及整合设计进入下一个阶段（图 7.3）。

205

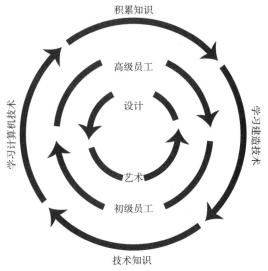

图 7.3　相互指导示意图

常常被忽略的一点是，高级管理层要接受技术和工作流程上的教育，并决定投入时间和资源促使 BIM 工作流程跟上潮流并发展。

实施试点项目是培训流程的重要桥梁，因为它将书本知识与实际应用结合起来，而高级管理层能保证从培训到项目应用的过渡。不管采用怎样的培训方法，在 BIM 培训中学到的知识必须在 30 天之内应用、实施并付诸实践，否则就会遗忘。

206

BIM 培训成功的其他因素：

- 提高和改善工作能力的反馈循环。
- 在培训前中后高级管理层的认同和支持
- 学员的态度——对学习和培训有求知欲、开放的思想及意愿。
- 阐明大局、相关性、培训与公司目标的关系，学习目标与公司战略目标的关联。
- 有准备、有知识、有条理、有抱负，最重要的是对 BIM 流程有兴趣、有激情，并且乐于尝试的协调员或培训师（否则学员将不喜欢学习）。
- 培训材料内容的质量。
- 促进学习的环境。
- 确定它对公司的意义——对你、对学员的意义同样重要；你希望培训的结果是什么？对此有多渴望？

导致 BIM 培训失败的因素包括：

- 没有认识到培训只是弥补技术缺陷和获取知识的途径之一。根据你的情况，培训可能不是最有效的干预措施。
- 没有准备、没有动力，不愿意学习或培训他人。
- 不能为改变行为分配合理的时间。

- 不愿或不能设定预期，并衡量和对比结果。
- 没有选择合适的人进行培训。
- 不能创造有针对性、吸引人的交付成果和 / 或内容。
- 不进行需求评估：BIM 培训可能不满足目前需要。

现场体验与辅导

有了 BIM 之后，了解建筑是如何建造的就非常重要了。对于 BIM 操作员，并不总有机会定期考察工地或连续进行项目调查。替代方法之一就是辅导，让事业中期的设计专业人员指导新人。

处于事业中期的设计专业人员有必要学习 BIM 吗？这其实是两个问题：他们能学会 BIM 吗？他们应该学 BIM 吗？第一个是中年人脑力和能力的问题。简单的回答是可以。第二个是商业和专业的问题，与角色、身份、营利性、投资回报率以及个人成长和发展有关。第二个问题要看情况——尽管这是一个商业和事业的问题，但坦白地讲它也是个人的决策。

首先是经济方面的问题。按 48 岁员工的时薪考虑，尤其在公司的目的是更精益、更高效、更有效地工作时，让他用 Revit 工作还是坐在一个年轻 BIM 操作员旁边——一手是计算机技术、另一手是建造技术更有意义？事业中期的人会改变并迎头赶上吗？当然可以。这一切首先取决于态度和思维方式。学习 BIM 需要抛弃过去熟悉而舒适的工作方式——但那不利于你的工作、进步以及不可替代性。

为了学习 BIM，事业中期的建筑师需要改变自己。这个世界、行业和职业与几年前我们习惯的已经不同。因此，我们一定需要改变、调整和适应。当形势回归时，我们不会回归以前的做事方式。老方法已经不再适用（图 7.4）。

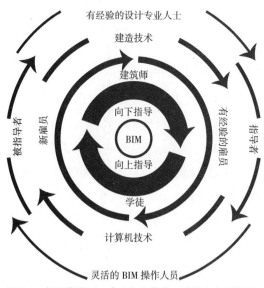

图 7.4 相互指导：一个人向上指导，其他人向下指导，就会均等——使表相或实际层级扁平化

对大多数人来说，学习技术是不费脑子的，不在话下。Kristine Fallon 事务所有的半天 BIM 快速入门课，将使你迅速上手；还有分销商的强效三天工作坊，以及在线和传统教程。在写 207 这本书时我采访了几位专家，他们对掌握 BIM 有困难的观点嗤之以鼻。他们甚至认为 50 岁的人都可以学会。一切取决于你想要什么，你希望未来五至十年达到什么位置。

学习 BIM 的两种方法

在事业中期时，如果你想学习 BIM，有两种方法可以采用：

1. 你可以担当有经验的建筑师——以传统的建筑师 / 学徒方式——坐在熟练的 BIM 操作员旁边，以互利的方式提供自己建筑技术方面的知识，换取 BIM 技术的魔力。

2. 你自己掌握 BIM，成为虚拟建模大师。

上下指导

反向指导、相互指导或者并肩指导（S×S）都是学习 BIM 以及建造方式的合理方法。"跨代工作风格也是一种因素，让新的'Y 世代'通过反向指导或合作指导的方式来带路。这是设计行业史中第一次二三十岁'指导导师的'专业人员的大规模向上指导。"[12]

并肩方法

第一种方法的优势在于，用你当前的技群和经验来帮助推动项目，并促进新兴专业人员理解建造。与此同时，用 BIM 工作的新兴建筑师有机会告诉你：

- 他们在模型中发现了什么。
- 什么行，什么不行。
- 哪里缺少信息。
- 哪里会需要协调。

这种关系是互惠共生的。一个人"向上"指导，另一个人"向下"指导；这就使实际或形式上的层级扁平化了。用 BIM 工作，新兴建筑师会在他人之前得到重要的信息，使他获得优越感。与 BIM 操作员并肩工作的高级专业人员：

- 保证了建筑的有效建造。
- 不必检查红线，担心是否改图人看懂并正确修改了。

- 通过与下一代分享来之不易的经验和教训获得内心的满足。

一些高层公司成员学习 BIM——倒向 BIM——是由于职业责任的需要。

另外，为了保持控制权，他们还可以采取 DIY 的方法（图 7.5）。

计算机知识　　　　　　　建筑知识

驾驶员　　　　　　　　　导航员

SxS

BIM 操作员 / 新兴建筑师　　　　高级管理者 / 建筑师

图 7.5　相互指导和结对工作都需要驾驶员和导航员并肩工作（SxS）。

DIY 方法

DIY 方法包括：

- 学习软件以及协同工作过程。
- 抛弃以往的习惯，包括 CAD 思维。
- 获得面对改变开放、灵活的思维方式和态度。
- 当出现问题或者麻烦时轻松对待。

一些研究表明，改掉一个习惯需要 21 天，也有人认为需要更长时间。"每天反复做一件事 30~60 天就能形成或改掉一个习惯，""改变习惯"公司共同创始人 Larry Tobin 说。"我们每天都带着不利于工作的习惯。"[13]

但我们真的认为 CAD 是要改掉习惯，并要以一个新的叫 BIM 的习惯取而代之？在两步中，认清"坏习惯"（CAD 习惯）的实际负面影响，然后创造另一种行为取代它（即 BIM）。还是说我们讨论的不是改变习惯，而是学习全新的技术、思维方式和工作流程？

当我问 Jonahan Cohen 怎样看待在职业中后期学习 BIM 这样的新技术，并以一种完全不同于以往的方式——快节奏、并行式、整合——工作时，他回答说：

我听过这种说法，但我不同意。老年人也可以学习新技巧。对于 BIM，让一个刚刚毕业的、不懂建造的孩子去做 BIM 是没有意义的。有经验的建筑师对这一工作流程的贡献更大，因为他们知道如何建造。BIM 其实就是在计算机中模拟的建造。如果你不了解建筑，那我不知道你在建造什么模型。[14]

流程培训

谁应该接受 BIM 培训？不一定是擅长 CAD 的人。那些被选中参加 BIM 培训的人有一些共同的属性：他们应该有内部 / 创业精神、主动性、上进心并表现出领导潜力。最后一点很重要，因为最早采用 BIM 的人将教授其他的人。此外，他们应该了解建筑施工，并乐于学习而不是证明自己。BIM 被称为一种颠覆性的技术。务必将这种颠覆效果降至最低。

曾教授 CAD 的高校现在教授 BIM 工具。"直到现在，建筑学课程一般以 CAD 为主，通常是 AutoCAD。但是现在在德克萨斯州已经发生了变化，反映出当前就业市场状况。德克萨斯州的高校学生现在学习 BIM，减少了学习 CAD 的时间。"[15]

整合设计的培训和教育

虽然大多数教授反对教软件，但是对教授整合设计带来和改变的工作流程是开放的。

208

"学习"整合设计意味着什么？我们天生就知道怎样合作——这是我们需要"抛弃"的东西。[16] 当你学习在整合设计团队中工作，究竟是在学什么？"当我在建筑学校时，我从没有想过有一天会谈论供应链！作为设计师，我们要考虑整个渠道。我们在让人走出他们的设计思维，考虑同施工人员更多地讨论交付建筑。"[17]

209

访谈 10

Yanni Loukissas 是麻省理工大学"科学、技术与社会"项目的博士后研究助理。他研究的是人机环境交互。Yanni 曾在康奈尔大学做访问学者，并将建筑、计算机和人种学的背景融入到工作中。他是《模拟文化中的设计概念：Arup 的社会—技术研究》（Concepts of Design in a Culture of Simulation: Socio-technical Studies at Arup, Routledge, 2012）的作者。

你把设计称作"流动关系的体系"。你的著作集中在从业者如何使用模拟进行各种技术分析，并协调职业关系、定义新角色上。你对于这些职业关系和角色的主要看法是什么？

Yanni Loukissas（YL）：在《形体的守护者》（Keepers of the Geometry）中，我讨论了变换的角色和关系。这个标题出现在我研究的一个工作室，人们在那里创造新的名称来描述他们的工作和在工作室中的角色。关于"形体守护者"的定义是有争论的。关于职业让我感兴趣的一点是人们如何协调权力。Andrew Abbott 写的《职业体系》（The System of Professions）对我产生了很大影响。他在书中认为，职业存在于庞大的关系体系中。他说专业人员定性行为是竞争。我认为还应该有协作。

从任何角度看，这都是处理关系体系并在其中发展的问题。专业人员声称在做某事，有一定的专业水平和权威，所以，有些人说他们是"形体守护者"是因为希望在设计上有更多的控制、一定的自主权并以对他们有益的方式定义自己。我在寻找人们用技术定义自己与众不同之处的方式：他们是否和技术紧密相关，这是否属于他们的角色还是在他们的角色之外。例如，一个公司的主管把自己从技术中分离出来，并与控制技术的人进行协商。这个公司的其他人则通过技术和知识打造他们的声誉和角色。在这个意义上，技术就是自我认识的一部分。Lewis Mumford 认为各种职业或工作都是和技术密切相关或通过技术实现的。类似的文献是非常多的。

你的方法可以认为是研究工作文化的社会技术方法。在你关于奥雅纳模拟的著作《模拟文化中的设计概念》中[18]，他们的文化与其他公司文化有何不同？模拟对公司文化的影响是什么？

210

YL：对于奥雅纳，我感兴趣的是他们管理自己职业角色的方式。一方面，他们在试图与合作者、客户、建筑监管者进行区分时，做了大量的工作去寻找与众不同之处；尽管我们不知道在客观上他们是否如此。他们要让自己独立出来。因为他们是顾问，并且他们是被雇来服务的，所以他们最好能提供一些独特的东西。与此同时，他们也在与其他人建立桥梁和联系。他们的很多工作是帮助非专业人员和普通人理解建筑的技术因素。他们在做两件不同的事。

对于奥雅纳，我同样感兴趣的是他们很看重自己关系的特别性和特殊性。他们根据这些特定条件进行模拟。虽然很多情况下他们使用的是现成软件，但是他们构建特定模拟的方式与受众是高度相关的。正是通过这种针对特定受众深化、调整和具体化模拟的方式，让我看到模拟对他们的意义。在我看来，这体现出奥雅纳对于模拟的"应用文化"。他们的文化就是以非常特殊的方式为受众建造和改造模拟。而在那之前，我看到的模拟都更客观，与观者并没有必然的关系。奥雅纳非常注意模拟在社会和文化上的特殊性（图 7.6 、图 7.7。注意：采访中出现的图片是为了说明目的，并不代表受访者的工作）。

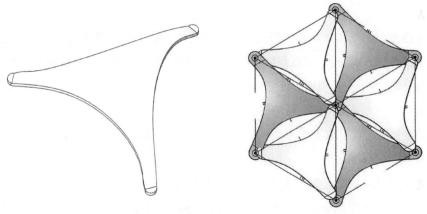

图 7.6　木挂件——单个构件与组合体——天花的回飞镖元素，构件图片与六边形图案。在组装后，重复性的天花造型就会形成一种起伏凹凸的形式（资料来源：Revit Architecture Workflow: Joe Kendsersky, Autodesk Inc. Architect: KlingStubbins，剑桥，马萨诸塞州）

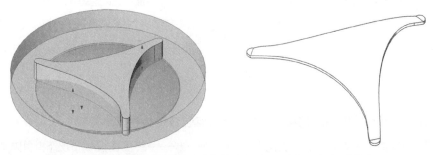

图 7.7　创建三维天花构件：用实体拉伸和虚空旋转建成的模型族，用以形成凹造型（资料来源：Revit Architecture Workflow: Joe Kendsersky, Autodesk Inc. Architect: KlingStubbins，剑桥，马萨诸塞州）

你认为是由于奥雅纳的实验文化让他们能根据受众调整数据？

YL: 这是一家大公司，有一些分支机构实验性很强，并发展得很好。

专业人员声称自己是建筑师或工程师，更多的是为了竞争性的利益和自身的位置。

——Yanni Loukissas 博士

211　**你曾写道，从业人员用他们的模拟技能挑战传统的"建筑师"和"工程师"职业身份。这是有意的，还是在模拟环境中工作的必然结果？**

　　YL：我不喜欢说任何事情是使用技术的必然结果，因为我不认为它是决定性的。人们肯定会受到技术的影响，但他们确实用技术建立了与它的互动，并在其工作和文化中给它一席之地。专业人员声称自己是建筑师或工程师，更多是为了竞争性的利益和自身的位置。从一个合作到下一个，把自己描述为建筑师、工程师、设计师或技师会更好——在这特定位置上他们要说明自己为何是最有竞争力的。这是一种非常自觉的决策。

　　你已经注意到图纸和数字模拟可以共存，并且今天的设计从业者应用数字模拟并不一定要放弃所有的传统方式，他们可以用数字建筑模型以及草图、实体模型分享设计方案。你写道，"虽然传统的模拟方法没有消失，但它们已卷入一场新的数字设计文化。"[19] 你怎么看它们之间的关系和共存？一方妥协，还是最终使另一方提高？

　　YL: 这要分情况看，取决于专业人员想怎样表达。长期画草图、年长的专业人员往往会想方设法证明草图是独一无二的、区别于数字模型的表达方式，它能表达数字模型无法表达的想法。草图和数字模型之间的关系是复杂而有趣的——旧方法和新方法——但是我认为在任何情况下它都是与职业身份紧密联系在一起的。Sherry Turkle 总是说："人们接受或者拒绝一项技术不是因为它能做什么，而是看它给人们的感觉如何。"对于一些人来说，草图让他们
212　感觉强大。Reyner Banham 曾写道，有一代建筑师手中没有铅笔就无法思考。对于这些建筑师，使用数字技术往往使他们觉得自己是菜鸟，因为他们不懂，无法控制，有一种无力感——甚至是被削弱了。而对于其他人，情况正好相反。很多年轻的建筑师一出校门就掌握了数字技术——尤其是当他们知道那些在办公室的人还不如他们的时候——这赋予了他们某种力量、合理地位和控制权。这一切都在于人们如何看待自己。

　　你怎么看今天手绘和 BIM 的关系？它们是相互包容还是共存的关系？

　　YL: 我注意到的一个问题是，无论人们站在哪一方——甚至在极端情况下只用电脑或者只是手绘——人们对于另一种方式都会有一些浪漫的想法。在麻省理工学院我经常碰到一些希望能手绘的电脑大师。我记得电脑图像课上有一位学生，说他只用计算机绘图是因为他手绘不好。人们并不是不能接受另一种技术。我在论文的访谈过程中发现，有些人在一定程度上具备这两种天赋。没人会放弃其中的任何一种。所以今天它们是共存的关系。（见图7.8和图7.9）

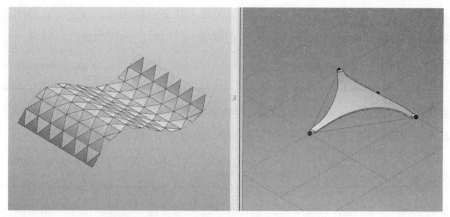

图 7.8　木挂件设计过程。挑战在于怎样开始构件建模、从什么模板开始，以及怎样把整个组合体分割成单个配件。可以从各个角度切换视图来并列观察幕墙板图案族和体量（资料来源：Revit Architecture Workflow: Joe Kendsersky, Autodesk Inc. Architect: KlingStubbins，剑桥，马萨诸塞州）

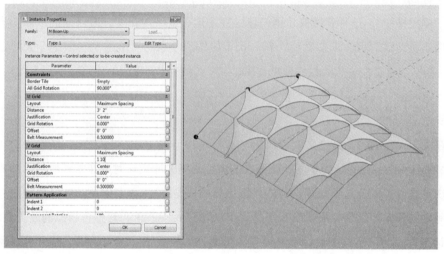

图 7.9　木挂件元素属性对话框。由于天花板构件是波浪形的，表面会有重合（资料来源：Revit Architecture Workflow: Joe Kendsersky, Autodesk Inc. Architect: KlingStubbins，剑桥，马萨诸塞州）

　　随着从业者对可视化工具的依赖，你是否认为他们最终会失去形象思维的能力——这是他们在今天的核心能力和特征——就像对计算器的依赖使人们失去了计算的能力？

　　YL：人们确实在训练自己的思维，以新的方式来思考空间。所以我觉得这需要更细致的讨论，而不是简单地说他们是否具有想象能力。在一定程度上，使用三维建模的人们更容易思考空间关系和三维空间，因为他们在三维交互环境下工作的能力和经验更多。这能以一种有趣的方式对他们的假设进行反馈，甚至比实体模型更灵活、可塑和高速。人们开发哪种认知能力，失去哪一种，还并不明确。不用实体材料工作当然会失去一些东西，人们会不了解物体的构成方式，即材料的特性，以及重力的效果。在《形体的守护者》中，我还提到了内在知识的问题。不同的人根据与模型关系的远近在建模工作过程中获得了什么——他们建了

213

模型，还是只查看模型。现在很多企业的主要负责人甚至更加疏远，因此不直接用计算机建模的人或许处于最不利的地位。因为他们不在空间中以三维的方式理解实体模型，也不在虚拟空间中看三维模型，真的。他们只是把它看作屏幕上的平面图像。

你会利用或内化这种工具。我经常听学生将他们做的事称为"建模操作"。这种建模操作他们已经在一定程度上内化了，所以他们不需要坐在电脑前也能以这种方式思考。

——Yanni Loukissas 博士

在你的教学中，能否从手或模型上来判断学生是否进行了思考，而不只是空想？对于从事模拟工作的人，他们是否仅在建模时才思考？

YL：我不这样认为。年长的建筑师不只是在绘图的时候思考。当然绘图有助于思考，而且绘图给你的反馈会丰富思考的过程。你会利用或内化这种工具。我经常听学生将他们做的事称为"建模操作"。这种建模操作他们已经在一定程度上内化了，所以他们不需要坐在电脑前也能以这种方式思考。人们常说，新一代不能构想复杂的三维造型，但是今天的建筑更为复杂了。我不知道这些说法的最终依据在哪，因为今天设计和建造的建筑在空间上要复杂得多。我们思考空间的方式越来越简单的依据在哪？

你在关于奥雅纳的一篇论文中写到：

[Peter Bressington] 认为不同团队开发的模型之间的冲突有时是非常健康的。然而他警告说，解决这些冲突的方法不能是"我的模型比你的模型好"，而应该是"这些模型是以相同的假设为基础的吗？如果是，那就没有问题了。"尽管 Bressington 对整合模拟的潜力表示乐观，但他的话表明，为满足这个目标有必要在人们之间达成共识。换句话说，整合可以通过技术实现，但它在本质上是社会性的。整合需要从业者的勤恳态度。[20]

看到这一段的大多数人无疑会强调文件共享、协调和互用性的问题。而你选择强调社会性作为成功整合的核心。为什么？你能否告诉我们在整合设计环境中工作需要获得和培养的理想态度和思维方式是什么？

YL：从我的角度看，是 Bressington 在强调社会性。这对于他来说不是一个陌生的思考方式。公司的许多人在谈论某些人对协作的抵触。协同工作的思维方式需要人能走出自己并理解合作者的需求。在书中我提到的一个内容是"交易区"——哈佛科学史教授 Peter Galison 提出的专业术语——几乎是社会学和认知学人士碰撞出来的混杂语。大多数的语言在来自不同社会和群体的人的交流中飞速发展。Galison 说人们在协作中需要建立中间语言，而且这些语言通常对于处理和共享信息和共同参照是很有用的。重要的是，这些交易区不需要合作者放弃其至显露自己的价值观和动机。所以人们可以进行局部的合作，而不一定要有共同的整体目标。他还写道，在协作体现出局部特征的地方实现这一点需要什么——人们可以找到连接的方式，但在宏观上没有必要统一他们的想法。对于奥雅纳，协作会回到职业身份的问题上，你是否认为自己是一个合作者——从合作中获得能量的人。他们给自己的形象和定位在很大程度上与他们在过程中与不同的人达成共识的方式有关。因此他们把自己看成合作者，以此作为其身份的一部分。同样地，其他人也自认为是合作者，而这是他们身份的主要内容。他们认为自己很擅长与建筑师交流，并了解他们的语言。这需要技术以外的要求：意愿、动力以及加入局部的能力——但不必放弃所有的个人动机。

在《形体的守护者》(Keepers of the Geometry) 中，你说对于从业人员来说这是一次技术性和社会性的转型。在当前社会的实践转型中，你看到了什么？

YL：随着新技术的发展，这种类型的转变在加速。人们把它看作是发展自己新角色的一个机会，为自己重新定位，发掘新的专业地位，比如以全新运营模式的 Front in New York 或者 SHOP Architects。人们认为新技术给围绕这些技术建立的社会组织带来了新机会。技术不一定推动社会变革，但是人们看到了走入前列或实现竞争力的新机会。我对研究奥雅纳感兴趣的原因之一是他们使用新技术扩展到新领域的经验。在这个意义上，他们是非常灵活的——无论是用新的方法去符合建筑规范，还是通过模拟来规避，交换协作的新空间；使客户能够更加轻松地达成共识。他们一直在寻找新的方式使新技术转化到商业中。

你认为 BIM 是像 CATIA 一样从现有的软件演化而来的工具，还是一种超越性的、甚至是革命性的发展？

YL：使用人类学的方法，将一种事物称为超越性或革命性的是在标定位置；这是一种使技术变得有意义的方式。对于不同的人来说它可能意味着不同的事情。对于弗兰克·盖里（Frank Gehry）的工作室——以及盖里技术公司（Gehry Technologies）——他们把 CATIA 作为一种改变游戏规则的技术来推广。"参数化建模"是作为设计革命抛出的术语。但是在20 世纪 60 年代初，Ivan Sutherland 开发的第一个 CAD 系统 Sketchpad 就是一个参数化系统。参数化是任何计算机系统最基本的功能。技术的革命性应用已经出现，人们在用技术改变工作方式，包括与他人合作的方式（图7.10 、图 7.11 ）。

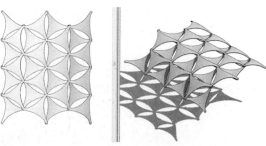

图 7.10　三维木挂件天花板研究。整体设计意图得以理解（资料来源：Revit Architecture Workflow: Joe Kendsersky, Autodesk Inc. Architect: KlingStubbins，剑桥，马萨诸塞州）

215

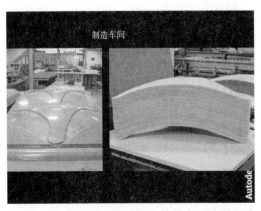
制造车间

图 7.11 从木挂件天花板组件的数字制造到制造车间（资料来源：Tocci Building Companies and KlingStubbins）

216

学校真的是学习 BIM 这样的技术最好的地方吗？你想用上课时间来教软件么？还是学生应该自学软件甚至毕业后在工作中学习？

YL：学生们不能等到工作才去学习技术。表现与设计思维是内在相关的。任何一种设计方法都存在于技术社会背景中，因此设计不能同创造它所需的技术分离开来。学习新技术、研究数字媒体的新机遇，是设计师成长和发展的一部分。如果你让学生等到毕业才接触它的话，他们在一定程度上已经成为设计师—思想者，他们会认为技术与他们所想所做无关。技术应该成为学校的重点，学生应该得到技能的培训。它应该更多地整合到设计教育和实践中去。这是我们设计工作背景的一部分。

学生们不能等到工作才去学习技术。表现与设计思维是内在相关的。任何一种设计方法都存在于技术社会背景中，因此设计不能同创造它所需的技术分离开来。

——Yanni Loukissas 博士

如果学生毕业后知道如何进行优美的表现，但花时间在学习信息技术而不是建造技术上，我们应该为此担心吗？

YL：除了在屏幕前工作，学生还应了解材料和制造。这是他们学习设计并了解其各个方面的背景。不可能每件事都在校学成，并且学生不会在毕业时就完全清楚怎样建造。因为这是一个复杂的过程，需要很多人和很多专业，在学校里全部教会是不可能的。学校已将设计与施工区分开。学校为了证明继续存在的价值，他们必须能说明设计可以脱离施工和承包商独立教授。这是一种思维的探索，可以抽象化处理，并作为表现手段单独实现。在学校把设计和建造区分开是有利的。但这不完全是一件积极的事。

承包商等人在应用和实施这些数字化工具上取得了长足的发展，而建筑师在多数情况下保持旁观或中立。你觉得在应用这种技术和社会过程上，建筑师会比行业内的其他人有优势吗？对于这种工作流程犹豫不决的建筑师，你会告诉他什么？

YL：一些建筑师已经指明了这些技术带来的有利条件。弗兰克·盖里说，技术使他更接近制造商，制造商更接近施工过程。其他人的兴趣点在于施工之前通过模拟预测建筑的外观和性能。人们应用它有各种各样的原因。对于那些需要说服的人，我想说在建筑行业如果要找创新和竞争的新途径，最好的办法是通过计算机和数字技术。学生们仍然对早期建筑大师感兴趣，重复勒·柯布西耶（Le Corbusier）和路易斯·康（Louis Kahn）的工作方式。我要对他们说的是：这些从业者在他们的时代充分利用了当时的技术。假如他们在今天工作就会是截然不同的环境。你需要利用现有环境的工作优势。与过去的建筑大师本身相比是很难的。而如果你引入新的条件，自然你就会用不同的流程创造不同的东西——使用新技术工作就是创新。

以你的经验看，是否在模拟工作的团队中有很多贡献者，但没有中心领导者？

YL: 大多数设计实践都有很多贡献者。关于奥雅纳，人们经常问我：他们如果是进行模拟的人，是否会控制话语权？在这个意义上他们不是领导么？奥雅纳的从业者都认为是这样的，他们是在领导过程——不一定是整个设计过程，而是让具体建筑运行的过程。随着设计变得更分散、更专业化，奥雅纳在这些专业领域各有一个领导者。我记忆中最突出的是在诺曼·福斯特（Norman Foster）办公室的例子——他们刚刚使用了 Ecotect 的可持续性软件，然后用它去找顾问说："现在我们有了新的模拟和建模平台，我希望你能调整同我们合作的方式。我们有更多成果，更全面的论证。"这是建筑师通过自己的模拟夺回部分讨论控制权的例子。

在最近的一篇博文"对立派弥合建筑文化战争"（A House Divided Bridging Architecture's Culture War）中 Ann Lui 在给《康奈尔太阳日报》（Cornell Sun）的文中写道：

> 有时感觉建筑业有一个很深且不断增大的深渊，一个不可逾越的沟壑，强迫学生跳到一边或另一边，甚至坠入深渊……一边是"新派"，另一边是"老派"……当你决定加入这场战争的那一刻，两方对你说出的唯一一句话是："选择吧"。然后你在那……会说："现在选择或是永远保持和平：你要用手还是用电脑作图？"他们还可能会对你说，"在 AutoCAD 和铅笔之间、编程和直觉之间、三维打印和车床温暖的木曲线之间选择吧。"最终，问题是没有选择的余地。"老派"对"新派"在康奈尔发起的战争是一种完全错误的对立。

她继续写道：

> 大家都知道，我们不能完全摆脱计算机、Revit 和 Rhino，这些是"新派"的武器。但"我们也不能放弃'老派'——不能完全排斥历史……'老派'和'新派'之间的对立是一个自我强加的错觉。"[21]

你是否同意这两派 / 文化是兼容而非互斥的？你认为电脑与人脑是可以共存的吗？

YL: 决定这个属于职业辩论。我认为没有客观的答案。有些人会选择与他们不相容的职位，因为那是对他们在战略上有利的位置。我做事的方式是会去寻找——作出这些说明的动机是什么？是否有"新老派"或许不是最重要的事。最重要的事是人们是否有工作，或者他们是否被尊重，并感到他们在部门有发言权和地位。很多时候，我觉得专业身份和地位的追求决定了人们如何在新技术和老方法之间进行抉择和发展。这里的许多老教授过去对数字技术不屑一顾，现在正在接受数字技术；因为他们没有看到任何其他的未来。这不是一种绝对的意识形态决策。这与社会有很大关系。

抛弃旧知识在学校有什么作用？你是否认为学生需要抛弃某些习惯和做法才能熟练使用这些工具？

YL：现在很多事情都是在抛弃旧知识。我们在努力让学生做的是用新的眼光去观察他们工作的大环境——无论是技术、项目还是现场。有时，怀着一个初学者的心态是有助于学习的。来看这些条件能带来什么机会，而不是去强加个人的成见。所以这是要抛弃的问题。

218 **你的论文《形体的守护者》以问题开篇：我们为什么要改变？随着数字技术的出现，许多建筑师也在问同样的问题，尤其是年长者。这是个重要的问题吗？还是说专业和行业的变化是不可避免的——给定条件？**

YL：这又回到了人们是否认为变化对于他们的职业角色和地位而言会提高生产的问题。问这个问题的人通常感到威胁，因为他们可能处于有权的位置，或者现状对他们来说是有利的。因此他们不想改变。而那些想要为自己谋得一席之地的人往往是那些想要改变的人。变化是不可避免的。建筑从来都是一种模式，这种观点是迷信。建筑总是在变化的。总会有一些人，变化对他们来说很诱人并充满晋升的机会。并且在改变中能够更好地定位自己。这种变化的因素总会有的。我们无法预测在各种背景下改变会何时发生——但变化总是在那里起作用的要素。

访谈 11

Phil Bernstein，FAIA、Autodesk 副总裁，负责公司服务建造行业的技术战略。曾是 Pelli Clarke Pelli 建筑事务所的负责人，现在耶鲁大学教授专业实践。曾在耶鲁获得文学学士学位和建筑学硕士学位。他是《未来建筑：重造建筑劳动》(Building (in) The Future: Recasting Labor in Architecture，2010 年麻省理工学院出版）的副编辑；设计未来委员会 (Design Futures Council）高级研究员、美国建筑师协会的原全国合同委员会主席。

你教授建筑系研究生专业实践已有二十年。你第一次教授时给出的建议与今天——在 BIM 及 IPD 出现后——你想告诉他们的有什么主要区别？

Phil Bernstein (PB)：我不确定这是一个关于 BIM 和 IPD 的讨论。但我认为最大的不同点是：20 年前我第一次开始教授专业实践时，我在一个大设计公司做项目经理，那时我的课程都是关于"规矩"的。这是建筑师的工作，这是他们工作的原因；这是风险，这是回报。这就是结构。这是我们为何采用这种工作方式的原因——而且不要破坏规矩，因为破坏规矩就会有后果。我想说在现代——特别是过去的八九年——自从我由实践教学转到在 Autodesk 工作，做我一直在做的事以来，现在我教课已经更加辩证了。更多地根据理解去讨论各种协议以及会带来怎样的标准做法；更是一种批判：什么可行、什么不可行以及哪些做法应该受到挑战。

现在的问题在于行业的性质是变化的——有很多事情都在发生。BIM 和 IPD 就是其表现。但有一个更广泛的讨论，就是关于重新定义建筑师在这个过程中的角色。现在的看法就是他们这一代人无论如何都将解决这个问题。而我仍从事基本实践的教学，但是我会加入更多的批判。

你在 2008 年 6 月关于 IPD 的 AIA 播客中说道，"当我还是一个学生时，每个人都想模仿 Aldo Rossi 和 Michael Graves。你所需要的一切就是一个绘图板、一盒 Prisma 彩色笔和一个惠普计算器，然后就万事俱备了。现在的学生在研究理论、可持续性，还有一个数字制造实验室。 219 他们在进行全球化实践、社区设计。我们的哪个课程也没有教如何把握整个过程。"[22] 你是否会担心学生将失去大局意识——长远的视角、和谐的布局——而这正是它最关键的时代？这对他们未来的领导者角色的潜在影响是什么？

PB：我认为这是一个综合的问题。我对人们理解实践的范式很不感兴趣，虽然我在课程中会向他们介绍工作结构、方向、组成的基本要素，以及基本的财务框架。我这样做是为了建立一个更哲学化的体系，让我们可以去谈建筑实践如何实现。我想作为老师现在最大的挑战是找到让学生综合一切现状的方法。我在 AIA 会议上提出的观点是，现在要涉及的材料已经比 20~25 年前多了很多。跟上潮流、成为担起时代重任的建筑师所需的步伐要比 20 世纪 80 年代初更广更深。一方面我们受到时间和资源的限制。但是也有综合的问题，如何创建一个架构让人们进行整合？

因此，至少对于我负责的部分，我会建立一个概念核心，表明这些都是可动的大模块。它们合在一起即形成建筑。这就是你的职责。记住这些观念，因为当你毕业时可能不会立刻面对它，但你最终要去思考它。事实上，我相信今天能成功从建筑学校毕业的人已足以面对这些问题。我只是不认为他们已有了答案。我们都没有答案（图 7.12）。

我的期望是，至少在短期内，我们要发明一种培训与教学并行的技术。

——Phil Bernstein, FAIA

在学校要学的所有东西——设计、表现、交付——之外是否还有空间学习 BIM 及整合设计？学校是学习这些流程的最佳地点吗？

PB：我相信，从我所做的工作来看，设计表达的基本手段正从古典的制图方法转向建模方法。因此设计学校改变设计参考就是至关重要的了，这才能让学生去做这种东西。挑战是：你怎么让培训和教学同时进行？在我看来，培训和教学之间是有区别的。例如，在耶鲁大学，你不会从学软件中得到学分，就像使用带锯机或者水射流切割机没有学分一样。这些只是作为课程的一部分获得的技能。 220

我们赞助了不少面向 BIM 或 Autodesk 其他软件的工作室。从中看到的一个困难是他们在让学生同时做三件事：学习一个新的软件、探索工作室的研究课题——不论是可持续性，还是在表面造型工作坊中对 Greg Lynn 的帮助——同时磨炼他们的设计。让一个人同时做这些是很糟糕的。因此，我们要找出解决这个问题的办法。我的期望是，至少在短期内，我们要发明一种培训与教学并行的技术。我希望（课程）会发生的改变是——现在我们正在耶鲁大学对这个问题进行初步研究——我们将发明让培训与教学并行的技术，将建模作为教授构造的途径。我们会教人们以建筑信息模型作为教授实际建造过程的机制。这样一来就不用将捕捉和点击、菜单和下拉屏与其他教学目标区分开了。假如你要教人做墙剖面，就必须教如何去画。这就是同样的问题。这是个坏消息。好消息是，建筑信息建模是一个水平的概念。它横跨一系列课程：可持续设计、工程设计、可视化或采光。所以如果你去教它，至少是一件高效率的事，而不是一次性的（图 7.13）。

图 7.12　高速上的标识：新英格兰的第一个 IPD 项目。Autodesk AEC 总部（Trapelo），沃尔瑟姆，马萨诸塞州（资料来源：Tocci Building Companies and KlingStubbins）

图 7.13　团队口号（资料来源：Tocci Building Companies and KlingStubbins）

在可预见未来的某个时间——最近的 McGraw-Hill 的统计已经表明——未来将是这样的。目前，大多数建筑系学生不学会 AutoCAD 就不敢毕业。而我们已经看到计划中有越来越多的压力要求人们会 BIM。他们需要它来找工作。

你曾经说，大多数数字工具应用的重点是造型，而学生们应该处理的核心问题是"如何设计更好、更有针对性、更环保、更精确的建筑，并满足客户的要求"。如果要这样，学生必须把自己的注意力调整到新的工具和流程上。建筑师是实现这一点的合适人选吗？你认为他们的障碍是什么？你认为怎样让学生不只是接受工具的使用和机制，还有这些工具真正的意义？

PB: 我们公司内部正在讨论这个在商业界很流行的大趋势，叫作"设计思维"。在《哈佛商业评论》中 IDEO 的蒂姆·布朗写过专题文章。这让我想起妻子在大学时曾经用过的那个社会学定义的老玩笑。她主修社会学，人们取笑她做的事是"对显而易见的事进行系统性重复"。商业界的这种设计思维差不多也是这样：设计思维是解决问题的一种根本策略。而对于那些被培训为设计思想家的建筑师，问题是这样的：你想解决的问题是什么？很明显，建造的问题组合已成为更加整合的难题——但这种整合是小写的。它是关于建筑对环境的影响。它是要理解建筑对运行者、对用户的影响。在《哈佛商业评论》这篇文章中，他们谈到了绝妙的主意：在项目中学习护理分娩的方法，以提高医院的运行效果。整个问题具有很强的建筑性。它涉及了布局、流线和人员配置。建筑师有能力去掌控整个系列问题，真正解决建造的整体问题。

现在的问题是：我们感兴趣吗？因为我们通常的做法是——尽管我们开始发现事情有了些许变化——我们把所有人都培养成造型英雄。这就是大多数设计教学课的目标。对我而言，这种方法的问题是它与一个目标混为一谈：创造一个有力、头脑清晰的设计师，并对建筑师的宏观作用有自己的认知。这是我们在实践课中的辩证讨论。"你长大后想做什么？"如果你想成为造型大师，那这就是途径之一。但问题远远不止于此（图 7.14）。

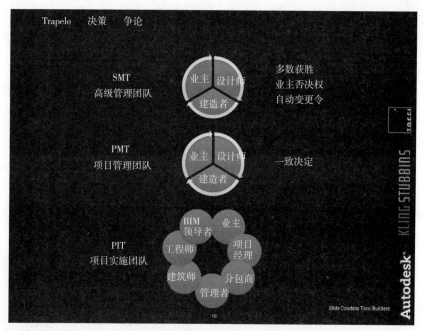

图 7.14　管理软对结构——决策时如何做出的（资料来源：Tocci Building Companier and KlingStubbins）

如果大多数建筑师认为，他们感兴趣的只有造型、形状和色彩，那么过程中还有一大堆
人会乐此不疲地去建立流程并成为其整合者，而把美学问题交给同级的顾问，如室内设计师、
平面设计师和景观设计师。这些人都是至关重要的，但他们不会将所有问题整合到建造的问
题中去。

你会看出来我自己的偏见就在这里，对不对？我被培养为一个设计师，职业生涯也从设
计师开始。但在职业初期，我很早就对过程问题更感兴趣，并提出精心设计的过程能产生好
的设计。但这不是我的使命。我一直在努力解决创造过程整合工具的问题，让建筑师可以担
起这一职责；但作为一个专业，我们要作出这个决定。而这还没有定论。我最近的很多学生
都在为承包商工作，而不是建筑师；但这不是巧合。有些是由于经济原因。有些则是意识到
了他们在哪里才能真正对过程产生影响。

**2008 年 6 月你在 IPD 上开创的 AIA 播客首篇即是 William Gibson 的话，"未来就在这里。
只是它还没有广泛传播。"今天你认为这个未来已经传播得更广泛了吗？如果是的话，你觉得
创新性流程的大部分传播是浅显的还是深入的？**

PB：我认为这个未来的传播更均衡了，但不像目前这样均衡。这些新工具应用情况的统
计数据是令人鼓舞的。大部分在美国的 AEC 专业人员都知道它们，并且有接触它们的途径。
我想我们在某种革命上已走在前端。建筑信息模型甚至整合项目交付——甚至可持续设计——
的理论已是 30 年来的学术理论了；所以主流行业现在已经开始谈论它们是一个非常非常好的
迹象。然而，这些想法的传播是很不连续的。如果你读过商业网络理论，这是一个非常容易
理解的现象。一个松散整合网络中的小创新——就像 AEC 行业——实际上在短期内会降低效
率。而我们处在一个无法承受更低效率的行业中。

所以你可以想象，假如只是建筑师和机械工程师在使用创新工具而其他人没有，或者业
主不认可 IPD 流程；就会失去提高整合流程效率的机会。所以你就会看到尼葛洛庞帝演变[23]
的开始，但它是不连续的。人们对话的质量确实有巨大的提升。五年前，大多数在美国的讨
论是"这是什么？"和"关我什么事？"而现在讨论的是，"好，我懂了。我只需要弄清楚如
何实现它。我不知道要花多长时间。但我会弄清楚如何做到。"（图 7.15、图 7.16）

**你相信各个层面——个人 / 专业设计人员、公司 / 组织、专业 / 行业——都会从 BIM 及其
带来的整合设计的广泛应用中受益吗？有没有哪个层面从这些流程中受益最多？**

PB：如果不从底层起步，也就是坐在机器后面努力解决问题的那个人——如果效益不从
这一层面直接积累起来，那么其他都不过是纸上谈兵。前进的方向是自上而下。理念统一的
共识必须在供应链甚至是公司的层面产生。但带来的效益——每天的工作效益要从桌面向上
积累。

图 7.15　Trapelo 现状。建筑内部激光扫描（资料来源：Tocci Building Companies and KlingStubbins.）

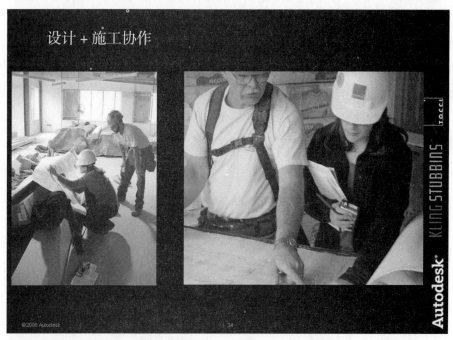

图 7.16　设计与施工协同工作（资料来源：Tocci Building Companies and KlingStubbins.）

　　如果不从底层起步，也就是坐在机器后面努力解决问题的那个人——如果效益不从这一层面直接积累起来，那么其他都不过是纸上谈兵。

——Phil Bernstein, FAIA

223　使用 BIM 的好处极多并在今天已广为人知。在最近的一次采访中，你提到设计的清晰性也是效益之一，"用多种方式与建筑的描述进行交互可以使人们从不同的角度理解它。"我把它称作"连带效益"，即一方的效益能为他人带来积极的影响，在解决孤岛问题的同时为协作与整合设计铺就康庄大道。你还能提出使用 BIM 的其他连带效益吗？

PB：我想到的一点是分析会越来越有用：现在的设计方案要花太多脑力去做相互作用和分析，因为手工计算是非常繁重的，未来会越来越自动化——并为设计方案开启了一整套新的可能。其中一个是我们正在想办法让人们能迅速地完成建筑能耗分析。那在过去是一种折磨，你要么不做要么把它外包出去。而根据能耗对设计进行实际优化是非常局促的。这是极其痛苦的。如果你可以将问题参数化，通过计算解出 x，并对你的正确答案有信心；就会为你开辟一条全新的探索之路；或至少给了你更多周期去解决其他问题。你可以想象，当这些平台更加强大、分析算法愈发复杂时，所有的分析将从我们现在理解到的——比如气流和弹性
224　模量——发展为建筑规范和空气质量。它以一种很有趣的方式改变了设计的内涵。这意味着你将得出很多有趣的方案，并快速缩小范围，从而看到最有希望的研究道路。在某种程度上这是一个范式的转变：从凭直觉找到方向的天才设计师到依靠更全面的认识。

我妻子说，我曾认为老少设计师之间的差别在于管理逐渐增多的变化因素的能力。当我为西萨·佩里工作的时候，他令人吃惊的一点是——他能记住极多的事并在其中进行权衡，然后挑出他所谓的系统化生成的无用方案。他会停止我们继续沿这个方向走。很多这种东西都是相互作用的——从防火规范的角度看建筑是否可行，是否有正确的对日朝向——许多这种问题都将由分析算法来支持，而我相信这对于好的设计师将改变设计过程的内涵。"（图 7.17、图 7.18）

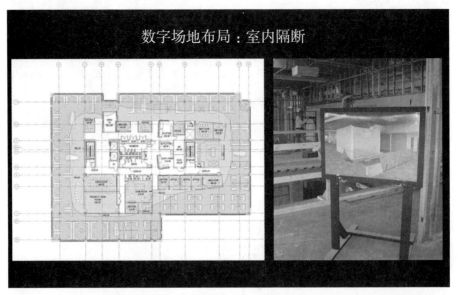

图 7.17　室内隔断的数字场地布局（资料来源：Tocci Building Companies and KlingStubbins.）

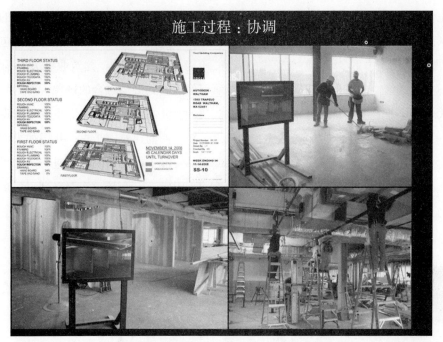

图 7.18 施工过程的协调（资料来源：Tocci Building Companies and KlingStubbins.）

所以结果可以存在于设计师的头脑中。过程可以在计算机中。因为我仍然相信负责任的控制。我仍然相信专业人员会有自己的作用。现在没有结构工程师不用计算机模型。但他们仍然确定他们知道答案是怎样从计算机模型中得出的，所以他们愿意签字盖章。建筑师同样需要达到这一点。

如果像 LEED 或其他绿色认证或建筑规范那样标准化，可以有合理的商业方案实现自动化，那它就变成自动了。想象一下，当设计做到 50% 的 CD 阶段，将它上传到云的某处。然后反馈说"好，你的临时 LEED 认证在 48 分中得 36 分。"而你不必经历现在所有的烦琐程序。 225

你最喜欢的小说之一 ——Steinbeck 的《伊甸园之东》——重点描绘了两代兄弟的冲突，一代温和善良而另一代粗俗狂野。这是两代对立同胞相争的经典——光明与黑暗、善与恶、恨与爱、我们是什么与我们会是什么的永恒主题。这是否可以作为建筑师与承包商关系的比喻，说明他们矛盾 / 对立的文化和重要性？

PB：我对此的观点在很大程度上受到我们 IPD 项目的影响，即未开明的人之间总会有这些大的文化差异。我正在读 Malcolm Gladwell 的《局外人》（Outliers），书中提到纯天赋以外的东西会使人成功或失败。我刚好在读的一章解释了为何在世纪之交时，美国东南部有数量庞大的家庭相互争斗和厮杀。一个又一个城镇的斗争之后，最终是 Hatfield 对抗 McCoys。作者指出，这种为了荣誉而战的潮流可以追溯到苏格兰牧羊人——这些人的祖先——他们非常重视维护自己的荣誉和财产的规矩，不许任何人扰乱。牧民真的不需要与任何人合作，因为他 226

们的文化传统就不是合作性的。设计和施工界的某些部门会认为二者的构成是不同的，关心不同的东西，来自不同的背景，也就不能一起工作。更开明的建筑师、工程师和承包商开始意识到，如果我们不去更多地了解彼此做的事情，不能真的一起工作，建筑业将永远不会前进。建筑业不会有效率，也不会实现它的可能性。所以你也看到渴望融合的迹象。有的承包商聘请耶鲁大学的毕业生组成建筑信息建模的团队。我的女儿在西北大学，那里的工程设计系有建筑课——就是为了让工程师们熟悉建筑的概念。在开明的建筑圈子里，我想如果你能接受那些文化差异并将这些不同的感受提出来，最终产品实际上已经得到了改进——如果你能看出谁在什么位置上以及一切如何运转。20 世纪 90 年代中期，"伊甸园之东"综合征达到了顶峰。现在我们正试图找到另一种方式。因为我们目前的结果还是很糟糕，而且各自为政（图 7.19~图 7.21）。

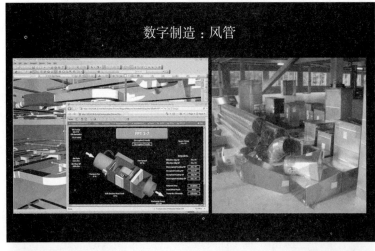

图 7.19 风管的数字制造（资料来源：Tocci Building Companies and KlingStubbins. ）

图 7.20 吊顶管道状况照片（资料来源：Tocci Building Companies and KlingStubbins. ）

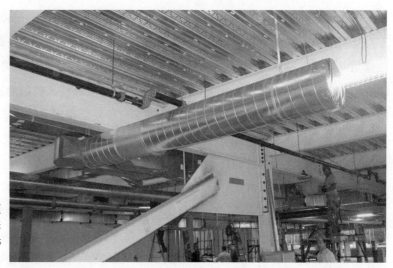

图 7.21　经模拟和协调的吊顶管道适应风管的方式（资料来源：Tocci Building Companies and KlingStubbins.）

你是否同意建筑师如果要在未来成为主导——借助 BIM 和 IPD 过程——就要接纳内部承包商？反之是否亦然？

PB：如果一个内部承包商知道什么时候需要极其实际地看待问题，并喜欢看到东西建成；那么是的，绝对是的。在我们的 IPD 工作中，我所欣赏的一样东西就是我们的承包商愿意参与设计过程。不是说，"我不喜欢那个方案，因为我有一个更好的设计。"而是对我们正在研究的具体问题提出自己的见解，以此融入到设计中，并改善结果。我们没有人坐在桌子旁说，"我觉得应该用蓝色，我认为应该用绿色。"好的设计师会说，"我所擅长的是统筹众多复杂的问题，考查多种方案，并综合成一个结果。"一个好的承包商会有同样的论点！"好，这个事情我会做的。我有很多方法去实现。我有可供选择的材料。我有可供选择的施工方案。我有可供选择的分包商。我必须考查所有一切，然后重新组合，得到结果。"这两种感觉到底有何不同？两个领域之间的界限模糊一点会不会有好处？设计思维会对施工方有帮助，同时一种更实用的、面向执行的承包商思维会对设计方有帮助吗？

228

你认为在整合设计过程中团队能作为一个整体发挥大匠的作用吗？这是你至今真实的体会吗？

PB：是大建造——而不是大匠。对，是团队。让一个人在整个过程中心的想法——难道我们没有让它和 Ayn Rand 一起成为历史么？建筑太复杂了。我家的扩建都没法自己搞定！

让一个人在整个过程中心的想法——难道我们没有让它和 Ayn Rand 一起成为历史么？建筑太复杂了。我家的扩建都没法自己搞定！

——Phil Bernstein, FAIA

你最近建成的两个项目，一个在旧金山，一个在波士顿——6000 平方米的空间、1300 万美元的项目成本、不超预算、LEED 铂金级、全部采用 Revit——最后建成，从签合同到入住仅用八个月。在这些项目中，你说团队成员都很高兴，并且一同工作的人至今还是朋友。BIM 和整合设计流程是你团队成功的秘密吗？你觉得哪些人的因素发挥了作用并带来了成功的结果？据你的了解，每个团队成员的情商在何种程度确保了这一结果？

PB：我们位于波士顿 Trapelo 路的项目中，是 IPD 模式最终带来了快乐的感受。我们所做的是创造了项目成果的共同责任意识；在项目取得成功后，每一个人都能分享这份成功。每个人都觉得他们为这样好的设计、好的预算、好的进度、好的可持续结果作出了贡献；并且体会到如果大家都朝同一个方向划船，我们都可以更快地抵达。像任何项目一样，压力和困难也是有的，有许多那样的挑战。但项目的基本结构决定了我们做这件事时信息完全透明，每个人的成败都与其他人的成败息息相关。它改变了思维方式！建筑师和承包商会在每一个重要问题上密切合作。我最喜欢的一些照片记录的是我们的 KlingStubbins 项目建筑师 Sara Vekaszy 在现场直接指挥分包商。我们消除了所有中间的繁琐程序。项目如何成功完全是社会学理论的问题。

图 7.22　设计过程——最初的想法（资料来源：Tocci Building Companies and KlingStubbins.）

当然，我们选对了人。如果选错人了，事情很可能会有偏差。我不知道你是否愿意称之为情商。当我们为 Trapelo 项目选择团队时，每个来面试的人都是那一套陈词滥调。每个进来的人都设计或建造过无数平方米的钛金级空间，但从来没有人做过 IPD 工作。我们决策的因素基本上有三个。一，我们可以与这些人合作，就因为这是一个 IPD 项目吗？二，他们之间可以一起工作吗？然后，第三，他们是否对技术足够开窍，使学习曲线相对较短么？（图 7.22、图 7.23）

并不是所有这类项目都能愉快地结束。有哪些经验你愿意分享一下，帮助其他人取得愉快的结果？

PB：有这么几件事情。一是能有幸挑到合适的共事人选——这可能是最值得考虑的事情。谁在团队中？二是必须要勇于迈出脚步去尝试新事物。许多 AEC 行业的人是极端保守的。没有人愿意成为任何东西的领头者。我正在给哈佛商学院的一个研讨会帮忙，目的是协助哈佛和东北地区的一些院校探讨 IPD 问题的未知边界，因为他们不知道怎么去全面地理解它。在我们的项目中需要我四处去说，"我打算破釜沉舟。"我不能问心无愧地到世界各地谈论这个革命和技术，并在另一个这种项目上担任一个顶着风险的客户经理。所有人都在说，"你确定这有用吗？"以及"你有什么办法证明这可行？"而我说，"没有，除非去读我们的营销材料。"既然我们在谈论这个问题，我们就需要勇气去尝试。

图 7.23　Trapelo 项目室内中庭的木挂件（© Jeff Goldberg/ Esto）

这不是一个习得的事情。我不知道该如何说服别人去做。我们自己就这么做了。我们破釜沉舟。我敢肯定，如果 Malcolm Gladwell 看到这件事，他一定会告诉我不得不这样做的六个原因。找到合适的人并愿意冒险一试是我们这个行业真的要去做的事（图 7.24、图 7.25）。

图 7.24　Trapelo 项目室内木挂件特写（©Jeff Goldberg/ Esto）

图 7.25　Trapelo 项目中庭与走廊（© Jeff Goldberg/ Esto）

　　还有第三类问题是我们没有涉及的，那就是 AEC 行业通常在搜集和共享信息、在什么可行与什么不可行的认识上是极弱的。在 Trapelo 项目上，合同要求大家共享资源——我们强迫这么做！我们波士顿项目有趣的地方是，Trapelo 路团队在 Tocci 和 Kling-Stubbins 的带领下，他们一起制定了这个非常复杂的 BIM 实施计划：如何去管理模型、由谁负责、如何进行交换、参与的规则是什么、谁在什么时候可以用什么。如果将这个模型解锁会怎样等。他们用了所有的数据结构。使用模型的所有罗伯茨规则都没有用到。他们没有时间！这对谁都不好。

232 Tocci 会说，"我需要在分区数据中加入这些信息，然后我就可以进行布局了。"KlingStubbins 的人说："好，我们这就把它输进去。"幸运的是我们没有一个重大失误。没有人被累得半死。他们没有超预算。他们没有超进度。可怕的事情并没有发生。所以，我们真的不需要检验这个模型的可靠性。那是我们将会发现的东西。

　　我加入了很多这种行业委员会。很多人在谈论收集信息、试点项目等等。感觉会永无休止。当我们面面相觑时，意识到我们就是需要一个新建筑——我们说，好吧，这是我们要做的事。

BIM 还有很多东西要学。你认为抛弃什么也是同样重要的?

　　PB：我要在这里提出一个神经生理学的观点。即使在这个我们有全新构架的项目上——我工作的一部分是 IPD 治疗师——也很难强迫自己意识到人们有不同的位置。你只会自然而然地想"我是业主，我要去做我想要的"，或者"那是建筑师的责任"，或"那是承包商的责任。"

这真的深入人心。我们已经习以为常，仿佛有几百年。让你走出那种习惯真的很难。我的执业生涯中有大部分时间在做建筑设计师，只是做设计——我们没有负任何其他责任。可能有人会说，除了有限的几个项目，那种构架在概念上已经过时了。抛弃旧观念——巴甫洛夫理论，对吗？人们去尝试不同的东西，然后感到有多好，或是工作如何有效，或能挣多少钱。不管什么都感觉良好。那么

他们就会再次这样做。坦率地说，另一个问题关于世代的。我希望我教的这一代学生能改变那些习惯。而且我认为已经看到了它的开始。他们对英雄设计的模式愈发不感兴趣。少了很多明星崇拜。因为他们做了很多感兴趣的事……这一代也会非常熟悉数字制造的概念；今天他们用三维打印机打印，十年后他们将会在现场打印。我想那将是真正改变的时候。

233

注释：

1. Kimon Onuma，" BIM Ball–Evolve or Dissolve: Why Architects and the AIA are at Risk of Missing the Boat on Building Information Modeling（BIM）"，2006 年，www.bimconstruct.org/steamroller.html.

2. Onuma，" Evolve or Dissolve."

3. J. D. Biersdorfer，"Build Your Own Lego Masterpiece, Virtual Brick by Virtual Brick"，*New York Times*，2005 年 9 月 22 日，www.nytimes.com/2005/09/22-technology/circuits/22lego.html

4. Phil Bernstein，作者访谈，2009 年 10 月 15 日.

5. Howard W. Ashcraft Jr.，"IPD is Light Years ahead of Traditional Delivery"，*Building Design & Construction*，2009 年 8 月 1 日。www.bdcnetwork.com/article/howard-w-ashcraft-jr-ipd-light-years-ahead-traditional-delivery

6. Andrew Pressman，"Integrated Practice in Perspective: A New Model for the Architectural Profession"，*Architectural Record*，2007 年 5 月，archrecord.construction.com/practice/projDelivery/0705proj-3.asp.

7. 同上。

8. Rebecca Rupp，*How We remember and Why We Forget*，纽约皇冠出版社，1997 年.

9. Rich Nitzsche，作者访谈，2010 年 2 月 9 日.

10. 同上。

11. 内部培训完全指南，见 Karen Fugle，"Survival Guide Chapter 03:Essential Skills 5–Training，How to write a Training strategy"，2008 年 10 月 18 日，eatyourcad.com/.

12. "From the Editors"，*DesignIntelligence*，2007 年 9 月 15 日，www.di.net/news/archive/from_editors/

13. Karen Leland，"Teach an Old Dog New Tricks: How to Break Bad Work Habits"，2009 年 11 月 16 日，gigaom.com/collaboration/teach-an-old-dog-new-tricks-how-to-break-bad-work-habits /

14. Jonathan Cohen，作者访谈，2010 年 2 月 2 日

15. Karel Holloway，"Career-Oriented Courses at Texas Schools Get with the Times"，*Dallas Morning News*，2010 年 2 月 21 日，www.dallasnews.com/news/education/headlines/20100219-Career-oriented-courses-at-Texas-schools-5365.ece

16. Michael Tormasello，*Why We cooperate* 马萨诸塞州剑桥，MIT 出版社，2009 年

17. Nitzsche，访谈

18. Yanni Loukissas，"Conceptions of Design in a Culture of Simulation"，MIT 论文，2008 年

19. 同上，35 页

20. 同上，85 页

21. Ann Lui，"A House Divided: Bridging Architecture's Culture War"，Cornell Sun，2009 年 9 月 21 日，dev.cornellsun.com/section/arts/content/2009/09/21/house-divided-bridging-architectures-culture-war

22. Phil Berstein，"Integrated Project Delivery: Understanding the Collaborative Work of the Future in Building Design& Construction，part 1"，Architecture Knowledge Reriew，博客，2008 年 6 月 20 日

23. Nicholas Negroponte，*The Architecture Machine*，剑桥，MIT 出版社，1970 年

后记

结论：先机已失，惟有奋起

BIM 是一种工具和流程：演变和革命；态度和思维方式。无论是什么，BIM 都已成为现实——如果你在踌躇或还没有应用，那就需要迎头赶上、尽快行动。

大量应用的尝试中缺失的是紧迫感，而这正是你所拥有的。你有乌龟的优势：前面已有许多兔子。你拥有早期应用者从初期技术的使用中形成的观点。你的优势在于这些人、企业和公司获得的经验。

直到建筑师同意：所有人的应用好过部分人的应用；团队合作会带来更好的解决方案；建筑，包括建筑设计，从其他人的参与中得到了改善，包括承包商和目标可能与你有冲突或者原本截然不同的客户——直到这一刻到来之前，BIM 与整合设计都不会普及，而建筑师的相关性会越来越弱。

贯穿本书的焦点是人，以及人用来管理和应对向这种新的数字技术与整合设计转型的策略，还有从最初应用到将技术和流程推向更高水平的过程中实现的协作流程。

尽管有文章称赞 BIM 应用率已高达 85%，我自己的体会告诉我并非如此：BIM 并没有以一种新产品和流程应有的方式实现普及。为什么会这样？

人们很快就发现各种社会问题都需要处理——BIM 如何影响并融入公司文化；整合设计对设计理想、主人翁意识和创作感，以及专业身份的诸多影响。

我很快意识到需要一本从人的角度解读 BIM 与整合设计的书。通过调查，我发现行业里的其他专家是支持我这个直觉的。

不要等到实施的那一天——这每天都在发生。我们一直在实施 BIM。认为实施了就大功告成的想法是错的——BIM 实施是持续性的。永远有更多要学习、要掌握的东西，这样你才能前进，去迎接下一次进步、下一个更高的层次或维度。你与其他人建立联系，吸收各种补充技术；项目越来越大、越来复杂；新版本的软件不断发布，要去学习和掌握；永远有窍门和技巧要学习、键盘上有宏命令要记住和应用——并且总有办法与他人分享你在过程中学到的东西。

我希望本书帮助你为在整个组织内应用和实施 BIM 以及整合设计的协作流程准备好了正确的态度、思维方式、技能组合和各种才能。

请用邮件告诉我（randydeutsch@att.net）或访问 http://bimandintegrateddesign.com/ 并留言。

本书通篇的一个前提就是，未来几年对 BIM 与整合设计的兴趣有增无减，而本书已尽力涵盖这一兴趣的深度和广度。无论是受阻碍的潜能还是已实现的潜能，你的潜能和 BIM 的潜能都是无限的！

索引 *

---

* 其中页码为原英文版页码，排在正文切口侧。

240